Jargodzki / Potter
Wie man Gurken zum Glühen bringt

Christopher P. Jargodzki
und Franklin Potter

Wie man Gurken
zum Glühen bringt

Physikalische Rätsel und
Paradoxien

Aus dem Englischen
übersetzt von
Michael Schmidt

Philipp Reclam jun. Stuttgart

Verlag und Übersetzer danken Herrn Dr. Herbert Scheingraber
vom Max-Planck-Institut für extraterrestrische Physik
in Garching für den fachwissenschaftlichen Rat bei der
Erarbeitung der deutschen Ausgabe.

Originaltitel: Mad about modern Physics: Braintwisters,
Paradoxes, and Curiosities
Originalverlag: John Wiley & Sons, Inc., Hoboken, New Jersey

RECLAM TASCHENBUCH Nr. 20179
Kapitel I bis V der Originalausgabe erscheinen in dieser
deutschen Ausgabe.
© für die deutschsprachige Ausgabe: 2006, 2009
Philipp Reclam jun., Stuttgart
Illustrationen auf den Seiten 17, 19, 25, 45, 50, 86, 131
© 2005 by Tina Cash-Walsh
Reihengestaltung: büroecco!, Augsburg
Umschlaggestaltung: Eva Knoll, Stuttgart, unter Verwendung
einer Illustration von Kai Pannen, Hamburg
Gesamtherstellung: Reclam, Ditzingen
Printed in Germany 2009
RECLAM ist eine eingetragene Marke
der Philipp Reclam jun. GmbH & Co., Stuttgart
ISBN 978-3-15-020179-4

www.reclam.de

Für meine verstorbenen Eltern, die in meinen Entwicklungsjahren so viel für mich getan haben und nun in jene andere Welt gegangen sind.

F. P.

Für meine verstorbene Großmutter, Zofia Lesinska, die in mir die Vorstellung weckte, dass die sichtbare Welt ihre Existenz der unsichtbaren verdankt.

C. J.

Inhalt

Vorwort
Das Paradox als Inbegriff der »Beunruhigung«

Dieses Buch enthält über 100 Rätsel und setzt dort ein, wo unser erstes Buch *Mad About Physics* aufhörte – bei der Physik des späten 19. und des frühen 20. Jahrhunderts. Das Michelson-Morley-Experiment von 1887, die schwierigen Fragen, die die Atomspektren und die Strahlung des schwarzen Körpers aufwarfen, die unerwartete Entdeckung der Röntgenstrahlen (1895), der Radioaktivität (1896) und des Elektrons (1897) – all dies durchlöcherte den Schutzschild aus Ad-hoc-Hypothesen, den die Wissenschaftler des 19. Jahrhunderts so mühsam um die mechanistische Physik errichtet hatten. Auf einmal nahm man so viele Anomalien und Paradoxa wahr, dass man schließlich nicht mehr umhinkam, die Grundlagen der Physik radikal zu überdenken. Ihren Höhepunkt erreichte diese neue Physik in der Relativitätstheorie und der Quantenmechanik. Sehr rasch kam es zu zahlreichen Anwendungen dieser neuen und merkwürdigen Konzepte, als die Atom- und Kernphysik zur Entwicklung von Technologien im Kleinen wie im Großen führte – vom Halbleiter bis zur Kernenergie. Vor diesem Hintergrund haben wir eine ganz neue Sammlung von Rätseln und Aufgaben entwickelt, die den Scharfsinn unserer wissenschaftlich interessierten und gebildeten Leser auf die Probe stellen sollen.

Am Anfang steht das klassische Problem, wie man ein gekochtes Ei durch den engen Hals in eine Flasche hinein- und wieder aus ihr herausbekommt, doch allmählich steigert sich die Komplexität und Schwierigkeit der Aufgaben bis zu dem berühmten Paradox des Alterns von Zwillingen aus der speziellen Relativitätstheorie. Wir befassen uns mit dem Wesen von Zeit und Raum ebenso wie mit den fiktiven Welten in Film und Fernsehen, die sich um der Unterhaltung willen über die Gesetze der Physik hinwegsetzen. Wir gehen auch auf einige der verblüffenderen Fragen der Relativität ein, etwa ob sich ein Mensch auf eine Reise durchs Weltall bis zu einem 7000 Lichtjahre entfernten Stern begeben kann und bei der Rückkehr erst 40 Jahre älter geworden ist.

Die Schwierigkeit der Rätsel reicht von einfachen Fragen (z. B. »Wird eine alte mechanische Uhr schneller oder langsamer laufen, wenn man sie auf einen Berg mitnimmt?«) bis hin zu raffinierten Problemen, die eine gründlichere Analyse erfordern (z. B. »Können relativistische Effekte bewirken, dass Ihre Füße langsamer altern als Ihr Kopf?«).

Kein Wunder, dass die Lösungen im zweiten Teil des Buches umfangreicher als die Rätsel selbst sind.

Schon diese wenigen Beispiele zeigen, dass die meisten Rätsel ein überraschendes Element enthalten. Tatsächlich wird man feststellen, dass die Mutmaßungen des gesunden Menschenverstands oft unvereinbar sind mit der exakten Logik der Physik. Einstein hat den gesunden Menschenverstand einmal als die Sammlung von Vorurteilen charakterisiert, die man bis zum achtzehnten Lebensjahr erworben hat, und wir geben ihm Recht: Zumindest in der Wissenschaft muss der gesunde Menschenverstand korrigiert und oft überwunden statt bewundert werden. Viele Aufgaben wollen bewusst vorgefasste Meinungen im Hinblick auf die Physik in Frage stellen, indem sie mit Hilfe von Paradoxa (nach griechisch *para* und *doxa*, »gegen die Meinung«) eine kognitive Störung erzeugen. Paradoxa sind nämlich keineswegs bloß unterhaltsam, sondern sprechen auf einzigartige Weise spezifische Verständnisdefizite an. Bei der Beschäftigung mit derartigen Paradoxa wird gewöhnlich der Widerspruch zwischen Bauchgefühl und physikalischer Logik für manche Menschen so unangenehm sein, dass sie ihn unbedingt überwinden wollen, selbst wenn dies bedeutet, dass sie dabei ein wenig Physik lernen müssen.

Für den Philosophen Ludwig Wittgenstein war das Paradox der Inbegriff der »Beunruhigung«, und wie wir wissen, gehen diese Beunruhigungen oft einer Revolution des Denkens über die Welt der Natur voraus. Die der Intuition widersprechenden Umwälzungen, die im 20. Jahrhundert aus der Relativitätstheorie und der Quantenmechanik resultierten, verstärkten nur den Ruf des Paradoxes, Mittler für Veränderungen in unserem Verständnis der physikalischen Wirklichkeit zu sein.

Liebe Leserin, lieber Leser

Diese Rätsel sollen Spaß machen. Dabei ist es nicht so wichtig, wie viele Rätsel Sie lösen – entscheidend ist, ob es Ihnen Freude bereitet, über sie nachzudenken. Einige Probleme sind sogar für Physiker, die in der Forschung tätig sind, eine echte Herausforderung, andere wurden in Forschungsbeiträgen formuliert, die erst in jüngster Zeit in Fachzeitschriften erschienen sind, sodass diese Themen vielleicht noch vor zehn Jahren in der Physik unbekannt waren! Es dürfte wohl kaum einen Leser geben, der für alle Rätsel eine detaillierte Lösung liefern könnte. Ja, manchmal werden Sie sogar ein wenig nachdenken müssen, um die Antwort überhaupt zu verstehen. Hätten wir alle Lösungsschritte angegeben, wäre dieses Buch doppelt so umfangreich geworden. Wir möchten uns dafür nicht entschuldigen, sondern versuchen, die entscheidenden Schritte darzustellen, damit jede Antwort in sich vollständig ist. Wenn Sie die Rätsel verblüffend und faszinierend finden, haben wir unser Ziel erreicht.

Dieses Buch ist ein Gewinn für jeden Leser, der irgendwie schon einmal in die Anfangsgründe der Physik eingeführt wurde und mehr über ihre Anwendung auf reale Phänomene erfahren möchte. Die meisten Rätsel sind ihrem Charakter nach nicht mathematisch und erfordern nur eine qualitative Anwendung fundamentaler physikalischer Prinzipien. Viele physikalische Begriffe werden direkt oder indirekt in verschiedenen Passagen definiert. Aber selbst wenn Sie mit dem Thema vertraut sind, werden Sie rasch erkennen, dass es keineswegs einfach ist, die Physik auf die wirkliche Welt anzuwenden.

Für alle Fehler sind allein die Autoren verantwortlich, und daher wären wir Ihnen für entsprechende Hinweise per E-Mail an Franklin Potter dankbar (siehe www.sciencegems.com).

I Physik in der Küche

In unserem häuslichen Umfeld wirken sich die Naturwissenschaften erheblich darauf aus, wie wir unsere Alltagstätigkeiten vollziehen und gestalten, auch wenn die meisten von uns sich nicht bewusst sind, wie dies eigentlich geschieht. Insbesondere die Physik ist hier allgegenwärtig und spielt eine entscheidende Rolle bei dem, was wir tun und was wir nicht tun können. Viele Menschen haben zum Beispiel Spaß am Kochen, und das ist nichts anderes als eine Anwendung von Physik und Chemie zur Befriedigung unseres gastronomischen Geschmacks. Oder sind Physik und Chemie bloß andere Formen des Kochens? Entscheiden Sie selbst.

Zur Lösung der meisten Aufgaben in diesem Kapitel genügen Schulkenntnisse im Fach Physik. Aber Vorsicht! Rasche Antworten können gelegentlich richtig sein, aber Sie sollten sich nicht zu sehr auf Ihre Intuition verlassen, denn die Natur ist größtenteils nicht intuitiv – gerade in der Küche. Wer schon einmal versucht hat, ein Soufflé zuzubereiten, weiß, wie begrenzt ein Rezept sein kann!

1. Wie man ein Ei in eine Flasche zaubert ...

Das ist das vielleicht faszinierendste küchenphysikalische Experiment: Wie bekommt man ein hartgekochtes, gepelltes Ei in eine Flasche hinein, deren Öffnung kleiner als der Durchmesser des Eis ist? Eine Lösung besteht darin, dass man ganz vorsichtig ein wenig brennendes Papier in die aufrecht stehende Flasche fallen lässt und dann das Ei auf die Öffnung legt. Wenn man dabei auf das richtige Timing achtet, wird das Ei schon bald den Drang haben, nach innen zu gelangen. Was ist das richtige Timing, und warum hat das Ei diesen Drang?

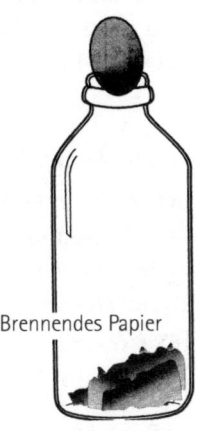

Brennendes Papier

2. ... und wie man es wieder herauszaubert

Und das ist das vielleicht schwierigste küchenphysikalische Experiment für alle Altersstufen: Wie bekommt man ein hartgekochtes, gepelltes Ei aus einer Flasche heraus, deren Öffnung kleiner als der Durchmesser des Eis ist? Natürlich könnte man ein Messer in die Flasche einführen, das Ei zerschneiden und dann die Stücke herausschütten. Doch wir wollen das Ei ja ganz und unbeschädigt herausbekommen.

Es ist schon einige Zeit her, dass der Physikprofessor Julius Sumner Miller im amerikanischen Fernsehen in der *Tonight Show* von Johnny Carson auftrat und zuerst demonstrierte, wie man das Ei in die Flasche hineinbekommt, und dann binnen drei Sekunden dasselbe Ei wieder in der Hand hielt. Wie funktioniert das? (Hinweis: Nach denselben physikalischen Prinzipien, dank derer man das Ei in die Flasche hineingebracht hat, kann man es wieder herausholen.)

3. Die Zuckerlösung

Geben Sie in einen Kochtopf zwei Tassen Zucker zu einer Tasse Wasser und rühren Sie die Mischung um, während Sie sie leicht erwärmen. Der Zucker wird sich vollständig auflösen. Wie viel Zucker etwa lässt sich insgesamt in einer Tasse Wasser auflösen? Wie ist das physikalisch zu erklären?

4. Brot kneten

Brot, das mit Hefe zubereitet wird, wird üblicherweise geknetet – das heißt, der Teig wird auseinander gezogen und zusammengedrückt, damit sich die Zutaten darin verteilen. Dann wird er zugedeckt beiseite gestellt, damit er »aufgehen« kann. Warum wird mancher Brotteig vor dem Backen ein zweites Mal und manchmal sogar ein drittes Mal geknetet?

5. Butter abmessen

Nehmen wir an, Sie haben einen großen Batzen Butter und einen Messbecher in der Küche. Sie wollen genau einen halben Becher Butterstückchen abmessen, ohne sie zu schmelzen. Wie gelingt Ihnen das rasch und mühelos? In Kochbüchern begegnet man oft der Behauptung, hier werde das archimedische Prinzip angewandt. Was besagt dieses Prinzip, und warum ist die Behauptung falsch?

6. Milch und Sahne

Sie haben zwei identische Flaschen – die eine ist bis oben-
hin mit Milch, die andere mit Sahne gefüllt. Antworten Sie
rasch: Welche ist schwerer? Und ist fettarme Sahne leichter als Schlagsahne?

7. Der Trinkhalm und die Kartoffel

Ein Trinkhalm aus Papier oder Plastik lässt sich durch eine
ungekochte Kartoffel drücken. Erklären Sie, was dabei
physikalisch vorgeht. Wenn Sie dieses Experiment selbst
durchführen wollen, ziehen Sie am besten Lederhand-
schuhe an, damit Sie sich nicht verletzen.

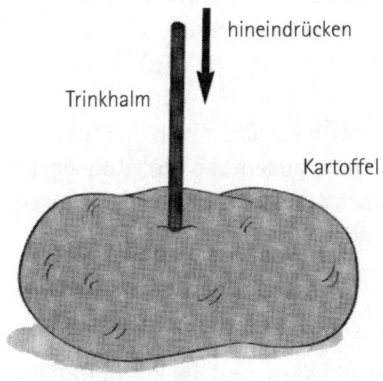

8. Heidelbeermuffins

Marion bäckt gern Heidelbeermuffins, wobei die Heidelbeeren darin fast gleichförmig verteilt sein sollen. Sie
weiß, wenn sie einfach den Teig zubereitet und die Heidelbeeren unterzieht, sind sie zwar vielleicht gleichförmig

darin verteilt, bevor die Muffins in den Backofen kommen, aber während des Backens setzen sie sich im unteren Teil ab. Wie verhindert Marion dieses natürliche Absinken?

9. Suppendosen

Manche Leute kaufen Dosensuppen und lagern sie im Küchenschrank. Andere drehen diese Suppendosen zum Lagern sogar um. Öffnet man oben eine Suppendose, die aufrecht stehend gelagert worden war, befindet sich das Konzentrat ziemlich oft auf dem Boden und muss herausgelöffelt werden. Selbst dann bekommt man nicht das ganze Konzentrat heraus. Angenommen, wir drehen diese Dose um und öffnen den Boden. Kippen wir die Dose nun um, ergießt sich die Suppe einfach in den Topf. Wieso?

10. Salz und Zucker

Salz wird seit Jahrtausenden zur Konservierung von Fleisch, Zucker zur Konservierung von Früchten und Beeren verwendet. Wie funktioniert das?

11. Die Auftauschale

Bei Versandkaufhäusern und in Küchenfachgeschäften kann man eine als »Küchenwunder« angepriesene Auftauschale kaufen – sie bestehe aus einer »hoch entwickelten superleitfähigen Legierung aus der Weltraumforschung«, die »Wärme direkt aus der Luft holt«. Wie funktioniert diese Auftauschale?

12. Köstliches Speiseeis

Die meisten Menschen haben schon einmal selbst Speiseeis gemacht oder gesehen, wie es zubereitet wird. Milch, Eier, Zucker und Aromastoffe werden langsam gekühlt. Terri macht ihr Eis gern auf eine einfachere und effizientere Weise. Unter den entsprechenden Sicherheitsvorkehrungen gießt sie flüssigen Stickstoff direkt in die in einer Metallschüssel verrührten Zutaten. Für Eis oder Sorbet benötigt sie die gleiche Menge flüssigen Stickstoff wie von der Mischung, und während sie das Kühlmittel zufügt, rührt sie so lange um, bis das Eis schön steif ist. Warum lässt sich mit dieser Methode ein absolut phantastisches Speiseeis herstellen, und was geht hier physikalisch vor?

13. Das Garen eines Bratens

Von vielen Fleischarten – Rind, Schwein, Lamm usw. – kann man beim Fleischer ein Bratenstück mit oder ohne Knochen kaufen. Angenommen, wir haben zwei Rinderbraten, die beide 2 kg wiegen, und lassen sie in identischen Backöfen bei der gleichen Temperatur garen. Der eine Braten enthält den Knochen, der andere nicht. Welcher Braten gart schneller? Warum?

14. Kochen wie die Chinesen

Man schätzt, dass es über 3000 verschiedene chinesische Gerichte gibt – möglicherweise mehr als in allen anderen Kulturen zusammengenommen. Für viele chinesische Gerichte wird Fleisch verwendet, das in kleine Würfel oder andere kleine Stücke geschnitten ist. Selbstverständlich lassen sich diese Gerichte mit Stäbchen viel leichter essen. Gibt es irgendwelche wichtigen wissenschaftlichen Gründe, das Fleisch so klein zu schneiden?

15. Gebratene Bohnen

Wenn Sie größere Mengen getrocknete Bohnen kaufen, müssen Sie sie über Nacht in einem zugedeckten Gefäß in Wasser einweichen lassen, bevor Sie sie weiterverarbeiten können. Ohne das Einweichen würde das Braten sehr lange dauern. Eine alternative Zubereitung besteht darin, dass Sie die Bohnen in einem Topf köcheln lassen. Köcheln bedeutet so viel wie »kurz vor dem Siedepunkt kochen«.

Wie kann man wissen, dass die Bohnen genügend geköchelt haben? Der Test erfordert gute Physikkenntnisse. Holen Sie ein paar Bohnen mit einem Löffel aus dem Topf und achten Sie darauf, dass im Löffel keine Flüssigkeit ist. Blasen Sie dann mit gespitzten Lippen sacht auf die Bohnen. Wenn die Bohnenhaut aufplatzt, sind die Bohnen fertig fürs Braten. Warum müssen die Lippen gespitzt werden, und warum platzen die Bohnenhäute dann auf?

16. Eiswasser

Um einen Krug mit Wasser schnell zu kühlen, gibt man üblicherweise Eis hinein. Das Eis schwimmt an der Oberfläche. Angenommen, man könnte die gleiche Menge Eis so hinzufügen, dass sie im Wasser auf dem Boden des Krugs festgehalten würde. Welche Technik führt dazu, dass sich das Wasser schneller abkühlt?

17. Gemüse schälen

Eine Freundin von uns schält eine Tomate erst, nachdem sie die auf eine Gabel aufgespießte Tomate über eine Gasflamme gehalten und sachte gedreht hat. Falls Sie dieses Verfahren ausprobieren möchten, schützen Sie Ihre Augen und Hände entsprechend.

Unangenehm und lästig ist es auch, frische Rote Beten zu schälen. Ihre farbigen Säfte hinterlassen überall, vor allem an Ihren Fingern, Flecken, die Sie nur mühsam wieder wegbekommen. Eine andere Freundin von uns schält Rote Beten erst, nachdem sie sie zuerst gekocht und dann sofort mit einer Gabel unter kaltes Wasser gehalten hat. Welche physikalischen Vorgänge nutzen beide Methoden zum Schälen von Gemüse?

18. Einen Zuckerwürfel anzünden

Zucker brennt an Luft. Aber einen Zuckerwürfel anzuzünden ist viel schwieriger, als man erwarten würde. Spießen Sie ein Stück Würfelzucker mit einem Zahnstocher auf und halten Sie eine Zündholzflamme an eine gegenüberliegende Ecke. Der Zucker schmilzt, statt zu brennen, und das herabtropfende klebrige braune Zeug ist Karamell.

Doch wir wollen den Zucker ja anzünden, nicht schmelzen! Wir möchten sehen, wie er mit einer richtigen Flamme brennt. Wieso ist das so schwer zu erreichen? Wie gelingt es uns, den Zuckerwürfel mit dem brennenden Zündholz anzuzünden?

19. Siedendes Wasser

Bringen Sie Wasser in einem offenen Topf auf dem Küchenherd zum Kochen. Streuen Sie ein wenig Tafelsalz (überwiegend NaCl und etwas KCl) bei Raumtemperatur in das klare kochende Wasser, und das Kochen hört auf. Es ist schon erstaunlich, dass das Wasser zu kochen aufhört, wenn sich das Salz erwärmt! Können Sie diesen physikalischen Vorgang erklären? Was ist so überraschend daran?

20. Der Teekessel

Bringen Sie Wasser in einem Teekessel mit einer Tülle zum Kochen. Lassen Sie es kochen! Beobachten Sie nun sorgfältig die Öffnung der Tülle. Was sehen Sie? Können Sie sehen, wie der Wasserdampf herauskommt?

21. Eis in der Mikrowelle

Der Mikrowellenherd emittiert Mikrowellen, die von Wassermolekülen im Essen absorbiert werden. Sie bewirken, dass die polaren Wassermoleküle rotieren oder oszillieren, und ihre »Reibung« im Inneren des Materials wandelt diese kinetische Energie teilweise in Wärmeenergie um, sodass die Temperatur des Essens steigt.

Angenommen, Sie fertigen einen Eisblock an, in dessen Innerem Wasser in einem großen Hohlraum eingefangen ist, und stellen den Block dann in einen Mikrowellenherd. Könnte das eingefangene Wasser zum Kochen gebracht werden, während das Eis Eis bliebe?

22. Der glykämische Index

Der glykämische Index ist eine wichtige Messzahl für die Umwandlung von Nahrung in Blutzucker. Je höher der Wert des glykämischen Indexes, desto schneller erfolgt diese Umwandlung. Dabei gilt die Umwandlung in Glukose als Referenzwert (=100).
Hier einige Beispielwerte für den glykämischen Index: Brauner Reis 59, weißer Reis 88, Tafelzucker 65, Grapefruit 25, Spaghetti 25 bis 45, gekochte Kartoffeln 55, Bratkartoffeln 85 und Datteln 103. Brauner Reis hat eine intaktere Außenschicht als weißer Reis – daher sein niedrigerer Wert. Aber warum haben Bratkartoffeln einen viel höheren glykämischen Index als gekochte Kartoffeln? Und wie kann der Wert von Datteln oder anderen Nahrungsmitteln höher als 100 sein?

23. Elektrisches Gürkchen

In manchen Läden, in denen es Scherzartikel und anderen Krimskrams gibt, kann man ein elektrisches »Gerät« kaufen, das Hot Dogs zwischen zwei Metallelektroden brät.

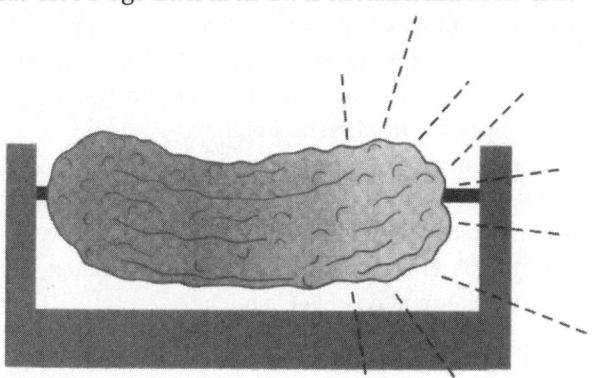

Bevor der Strom fließt, muss eine Schutzabdeckung mit einer Sicherheitsverriegelung geschlossen werden. Nehmen wir an, dass zwischen die Elektroden kein Hot Dog, sondern ein eingelegtes Gürkchen platziert wird. Wird die Raumbeleuchtung nun heruntergedimmt, sieht man, wie das Gürkchen eindrucksvoll leuchtet, vorwiegend an einem Ende. Was geht hier physikalisch vor?

24. Kochen im Zeitalter der Raumfahrt

Die Mikrowelle ist wahrscheinlich seit über einer Million Jahren die erste neue Methode zur Erzeugung von Hitze zum Kochen. Inzwischen gibt es zwei weitere Kochverfahren für die Küche. Seit etwa fünfzehn Jahren sind in Europa und Japan und neuerdings auch in den USA Kochfelder mit magnetischer Induktion verbreitet. Und seit Mitte der Neunzigerjahre des vorigen Jahrhunderts kocht der moderne Koch mit Licht in einem »Lichtofen«. Wie funktionieren diese beiden Kochquellen eigentlich?

II Weiß eigentlich jemand, wie spät es ist?

»Was ist die Zeit?«, lautete die berühmte Frage des heiligen Augustinus. Seine Antwort: »Wenn mich niemand fragt, weiß ich es; will ich es dem Fragenden erklären, so weiß ich es nicht.« Für manche Menschen ist die Zeit an sich eine merkwürdige Größe. Nie scheint die Zeit im richtigen Tempo zu vergehen – manchmal vergeht sie zu schnell, manchmal zu langsam. In manchen Kulturen und Weltteilen ist Pünktlichkeit ein hoher Wert, in anderen wiederum hat die Zeit fast keine Bedeutung. In diesem Kapitel haben wir eine Mischung aus bekannten und vielen neuen Aufgaben zusammengestellt, die auf spätere Kapitel vorausweisen, in denen die Zeit neben dem Raum ein Hauptelement der Bewegung darstellt und Begriffe wie die Raum-Zeit der speziellen Relativitätstheorie und der Welt der Astrophysik untersucht werden.

25. Sommer im Januar

Im Gegensatz zur populären Anschauung, die Erde sei der Sonne jedes Jahr etwa am 23. Juni oder möglicherweise am 22. Dezember am nächsten, liegt das Datum des Perihels tatsächlich zwischen dem 2. und dem 5. Januar! Auf der Nordhalbkugel haben wir zu diesem Januartermin Winter, weil die Nordpolachse von der Sonne weggeneigt ist. Auf der Südhalbkugel herrscht hingegen um diese Zeit ein warmer Sommer. Wird es auf der Nordhalbkugel jemals im Januar Sommer sein?

26. Die zeitliche Nähe von Wintersonnenwende und Perihel

Die Erde erreicht das Perihel – den Punkt auf ihrer Umlaufbahn, indem sie der Sonne am nächsten ist – zwischen dem 2. und 5. Januar. Das ist etwa zwei Wochen nach der Sonnenwende im Winter, am 21. oder 22. Dezember. Somit beginnt der Winter auf der Nordhalbkugel etwa um die Zeit, in der die Erde der Sonne am nächsten ist. Gibt es einen Grund dafür, dass die Zeitpunkte von Sonnenwende und Perihel einander so nahe sind, oder ist das Zufall?

27. Die Geschwindigkeit der Erde

Die Zeit, die die Erde benötigt, um sich von der Herbst-Tagundnachtgleiche bis zur Frühjahrs-Tagundnachtgleiche zu bewegen (etwa 179 Tage), ist kürzer als die Zeit von der Frühjahrs- bis zur Herbst-Tagundnachtgleiche (ungefähr 186 Tage). Warum?

28. Die verschobene Tagundnachtgleiche

Zum Zeitpunkt der Frühjahrs-Tagundnachtgleiche (meist am 20. März) oder der Herbst-Tagundnachtgleiche (am 22. oder 23. September) sollten Nacht und Tag eigentlich gleich lang sein. Aber nach den Almanachen, die die Zeiten von Sonnenaufgang und Sonnenuntergang angeben, ist der Tag am jeweiligen Datum der Tagundnachtgleiche um 8 bis 10 Minuten länger. Wie kommt das?

29. Die dunklen Dezembertage

In 40 Grad nördlicher Breite geht die Sonne um den 8. Dezember am frühesten unter und um den 5. Januar am spätesten auf. Der kürzeste Tag des Jahres, die Wintersonnenwende, ist der 21. oder der 22. Dezember. Warum fallen all diese Ereignisse nicht auf ein und denselben Tag?

30. Die Tage des Jahres

Die Länge des Jahres (d. h. die Zeit zwischen zwei aufeinander folgenden Durchgängen der Erde durch den gleichen Punkt auf ihrer Umlaufbahn) beträgt etwa 365,2422 Tage. Wie oft dreht sich die Erde in dieser Zeit um die eigene Achse?

31. Schaltjahre

Alle vier Jahre gibt es in den durch vier teilbaren Jahren ein Schaltjahr, in dem an den Monat Februar ein zusätzlicher Tag angehängt wird – außer in den durch 100 teilbaren Jahren. 1700, 1800 und 1900 waren zum Beispiel keine Schaltjahre, doch 2000 war ein Schaltjahr. Warum?

32. Vollmonde

Beträgt die Zeit zwischen einem Vollmond und dem nächsten 28 Tage?

33. Mondzeit

Cheryl sitzt an ihrem Schreibtisch im Büro. Die Uhr zeigt 12.20 an, und der Mond ist durchs Fenster als dünne Sichel sichtbar, deren offene Seite nach rechts unten zeigt. Wie deuten Sie diese Szene? Wo könnte die Sonne sein?

34. Mondkalender

Die zahlreichen Kalender, die es im Laufe der Jahrtausende in den verschiedenen Kulturen gegeben hat, lassen sich in zwei Grundtypen einteilen: in Sonnen- und Mondkalender. Während sich heute praktisch alle Menschen nach dem Sonnenkalender mit 365,2422 Tagen pro tropisches Jahr richten, verwenden Reisbauern in vielen Teilen der Welt weiterhin den Mondkalender, der auf einem Mondmonat von 29,53 Tagen basiert. Können Sie sich dafür einen wissenschaftlichen Grund vorstellen?

35. Die Sanduhr

Für eine Sanduhr könnte man einfach ein gerades Glas- oder Plastikrohr mit Markierungen in gleich großen Abständen verwenden. Um die Zeitmessung zu starten, würde man dann das ganze Rohr umdrehen. Warum bestehen geeichte Sanduhren stattdessen aus einem sich verjüngenden »Stundenglas«?

36. Die alte Uhr

Lenni besitzt eine tadellos funktionierende alte mechanische Uhr, deren Unruhe einwandfrei schwingt. Eines Tages fährt Lenni ins Gebirge. Wird die Uhr vor- oder nachgehen?

37. Eine Digitalstoppuhr ablesen

Viele Digitalstoppuhren zeigen die vergangene Zeit auf die Hundertstelsekunde genau an. Wie viel beträgt die minimale Ungenauigkeit in der Zeitangabe? Welche Angabe sollte auf dem Display erscheinen?

38. Ewige Uhren?

In Speziallabors gibt es Laser- und Atomuhren, die in 300 Millionen Jahren bis auf eine Sekunde genau gehen! Doch ihre Lebensdauer ist normalerweise kürzer als 30 Jahre. Manche Armbanduhren laufen länger. Derzeit entwickelt man mechanische Uhren, die etwa 10 000 Jahre halten könnten! Aber sie müssten regelmäßig aufgezogen werden. Warum haben die Laser- und Atomuhren eine so kurze Lebensdauer? Wie könnte man eine mechanische Uhr bauen, die so lange halten würde?

39. Raumlicht

Nehmen wir an, ein Fotodetektor mit einer Blitzlampe befindet sich exakt in der Mitte eines 3 m × 3 m × 3 m dunklen, leeren Raums mit reflektierenden Wänden. Die Blitzlampe blitzt eine Nanosekunde lang auf. Der Einfachheit halber gehen wir davon aus, dass das Licht isotropisch in alle Richtungen ausgestrahlt wird, wenn die Lampe aufblitzt. Wenn der Fotodetektor einfach das Licht aus allen Richtungen summiert, welches Intensitätsbild wird dann im Verhältnis zur Zeit aufgezeichnet? Wenn der Fotodetektor ein Apparat ist, der zwischen verschiedenen Winkelrichtungen unterscheiden kann, welches Intensitätsbild wird dann im Verhältnis zur Zeit bei mehreren unterschiedlichen Richtungen aufgezeichnet? Angenommen, die Lampe blitzt eine Mikrosekunde lang auf. Was wird nun aufgezeichnet?

40. Umstellung von Rechts- auf Linksverkehr

Nehmen wir an, Sie leben in einem Land, in dem von Rechtsverkehr auf Linksverkehr umgestellt werden soll. Wenn Autobahnen mit Auffahrten, Abfahrten und so weiter für den Rechtsverkehr gebaut worden sind, werden sie dann genauso gut bei Linksverkehr funktionieren? Natürlich müssen wir von den gleichen Mustern bei den Fahrgeschwindigkeiten wie zuvor ausgehen.

41. Die Lichtuhr

In manchen Museen und Laboratorien gibt es eine Lichtuhr, die aus zwei parallelen Spiegeln besteht, zwischen denen ein Lichtpuls wiederholt reflektiert wird, der

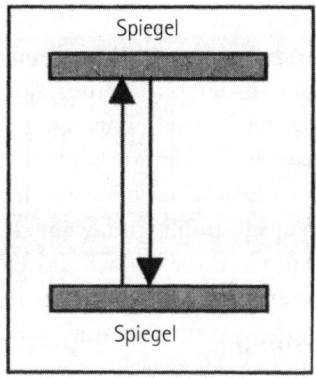

Spiegel

Spiegel

dabei stets den gleichen Weg zurücklegt. Der Zeittakt erweist sich als sehr genau, wenn jeder vollständige Durchgang des Lichtpulses festgehalten und gezählt wird. Der Abstand zwischen den Spiegeln beträgt gewöhnlich etwa einen Meter oder weniger, sodass während jeder Sekunde eine sehr große Zahl von Reflexionen erfolgt. Nehmen wir an, diese Lichtuhr wird mit einer konstanten Geschwindigkeit seitwärts parallel zu den Spiegeln bewegt und während dieser Seitwärtsbewegung wird das Licht weiterhin von beiden Spiegeln reflektiert. Wird die Uhr nach wie vor die genaue Zeit anzeigen?

42. Zeitumkehr

Ein Film wird gedreht, der aus aneinandergereihten Bildern von einem Objekt besteht, das sich abwärts beschleunigt. Wenn die Sequenz rückwärts abgespielt wird, beschleunigt sich dann das Objekt (a) nach oben oder (b) nach unten? Erklären Sie, warum.

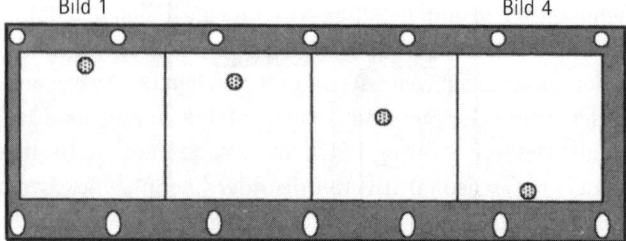

Bild 1   Bild 4

43. Die Molekularuhr

Unterschiedliche Arten von Organismen haben riesige DNA-Bereiche, die bei einzelnen Arten gleich oder sehr ähnlich sind. Die DNA von Menschen und Schimpansen beispielsweise stimmt zu etwa 98 Prozent überein. Die Übereinstimmungen zwischen unserer DNA und der von Nagetieren, Amphibien und Insekten sind viel geringer. Allgemein formuliert: Der Prozentsatz gemeinsamer DNA könnte eine Möglichkeit für eine Molekularuhr darstellen – je mehr DNA übereinstimmt, desto jünger war die Abzweigung vom Stammbaum. Und wenn sich die Veränderungen in der DNA zufällig mit einer gemeinsamen Geschwindigkeit vollziehen, dann könnte man auch eine Zeitlinie anlegen.

Doch die genetischen Veränderungen treten ohne jede Regelmäßigkeit auf. Warum?

44. SAD

Die meisten Tiere leben nach dramatischen saisonalen Zyklen: Sie wandern, überwintern, paaren und häuten sich zu speziellen Jahreszeiten. Diese Zyklen scheinen fest verwurzelt zu sein – sie vollziehen sich selbst dann, wenn die

Temperatur konstant gehalten wird und die hellen und dunklen Zeiten variiert werden. Wir Menschen hingegen gehören zu den saisonal am wenigsten empfindlichen Lebewesen und weisen nur noch Spuren saisonaler Effekte auf, die man saisonal-affektive Störung (kurz SAD, nach dem englischen Fachbegriff »seasonal affective disorder«) nennt, eine extrem schwache Version der zyklischen Reaktionen, die bei Tieren auftreten. Nur etwa 5 Prozent der Erwachsenen verspüren objektiv die jahreszeitlichen Veränderungen und leiden unter SAD, während der Wintertage, in denen es länger dunkel ist. Erstaunlicherweise kann Menschen mit SAD, in nördlichen Breiten durch eine Lichttherapie mit Hilfe von Licht, das Sonnenlicht ähnelt, geholfen werden – oder einfach dadurch, dass sie bis Tagesanbruch schlafen. Wären diese Therapien auch bei Menschen wirksam, die am Äquator leben?

45. Zwei Metronome

Nehmen wir an, das jeweilige Taktgebungsvermögen zweier identischer Metronome wird mehrere Stunden lang miteinander verglichen. Sie werden mit unterschiedlicher Geschwindigkeit schneller oder langsamer. Wenn beide Metronome auf ein Skateboard gestellt werden, das sich horizontal frei bewegt, verändern sich ihre Abweichungen allmählich, wenn sie dazu neigen, synchron zu schlagen. Jedes Metronom ist der Antriebskraft des anderen ausgesetzt, was zum Phänomen der »Phasenkopplung« führt. Nehmen wir nun an, dass jedes Metronom auf dem Skateboard bei unterschiedlichen Ausgangsbedingungen beginnt, aber eines der beiden Metronome durch Störungen angetrieben wird, die zeitlich nach dem Zufallsprinzip schwanken. Können die Metronome synchronisiert werden?

46. Zeitliche Symmetrie

Die fundamentalen Gleichungen der Physik – zumindest diejenigen, die sich aus Symmetrien in der Natur ableiten lassen – weisen alle eine zeitliche Symmetrie auf, weil sie Differenzialgleichungen der zweiten Ordnung sind. Direkte Beispiele dafür sind Newtons zweites Axiom und die Maxwell'schen Gleichungen. Dennoch kann man sich vorstellen, dass die Zeit vorwärts oder rückwärts verläuft. Selbst die tensormathematisch formulierten Gleichungen der allgemeinen Relativitätstheorie weisen eine zeitliche Symmetrie auf. Angenommen, all diese Gleichungen sind korrekt, muss dann die Natur auf ihrer fundamentalsten Ebene der zeitlichen Symmetrie gehorchen? (Achtung: Entropierelationen sind nicht aus einer fundamentalen Symmetrie abgeleitet und daher hier ausgeschlossen.)

III Der Grabstein des Archimedes

Raum hat etwas mit Position, Entfernung und Größe zu tun und weist spezielle Paradoxa und Einflüsse auf. Wir leben zwar in einem Raum mit drei Dimensionen, aber Entfernungen zu schätzen fällt uns leichter, als uns dreidimensionale Beziehungen zwischen Objekten vorzustellen. Unsere Hirntätigkeit basiert auf neuronalen Verknüpfungen in einer 3-D-Biomasse, die wahrscheinlich verblöden würde, wäre sie auf zwei Dimensionen beschränkt. Roboter hingegen operieren üblicherweise in unserem 3-D-Raum, indem sie Computerprogrammen gehorchen, die in multidimensionalen Konfigurationsräumen manövrieren, welche oft weit über drei Dimensionen hinausgehen. Neueren theoretischen Forschungen in der Quantenphysik zufolge könnte die natürliche Welt sogar 11-dimensional sein, wobei sieben Dimensionen zu klein für unsere Sinne wären und damit nur noch die vier Dimensionen der Raum-Zeit übrig blieben. Auch die Aufgaben in diesem Kapitel, die sich mit dem Raum befassen, sollen Sie auf die in einem späteren Kapitel behandelte Raum-Zeit der speziellen Relativitätstheorie einstimmen.

47. Die Spinne und die Fliege

In einer Ebene ist die kürzeste Strecke zwischen zwei Punkten eine gerade Linie. Nehmen wir an, eine Spinne sitzt auf einem Würfel und möchte eine Fliege fangen, die auf der gegenüberliegenden Fläche sitzt. Wie würden Sie den kürzesten Weg ermitteln, den die Spinne auf der Würfeloberfläche entlangkrabbeln müsste, um die Fliege zu fangen?

48. Die Entfernung zum Mond

Wenn man die Länge eines einen Meter großen Tisches mit einem Meterstab bis auf 0,1 Millimeter genau messen möchte, beträgt die Messungenauigkeit eins zu zehntausend. Meterstäbe sind normalerweise allerdings ungeeignet, um die Entfernung zum Mond zu messen. Stattdessen kann ein Laserlichtpuls von einem stationären Winkelreflektor auf dem Mond reflektiert werden, und dann stoppt man die Gesamtzeit, die der Puls von der Erde zum Mond und wieder zur Erde zurück benötigt. Wie groß ist Ihrer Schätzung nach die Ungenauigkeit bei der Messung der Entfernung zum Mond? Welche Messung weist Ihrer Meinung nach die größere Ungenauigkeit auf: die der Länge des Tisches oder der Entfernung zum Mond?

49. Der ideale Billardtisch

Nehmen wir an, Sie haben einen idealen rechteckigen Billardtisch, auf dem eine Kugel mit irgendeiner Bande so kollidiert, dass Einfallswinkel und Reflexionswinkel gleich sind. Die Taschen befinden sich nur in den Ecken. Erläu-

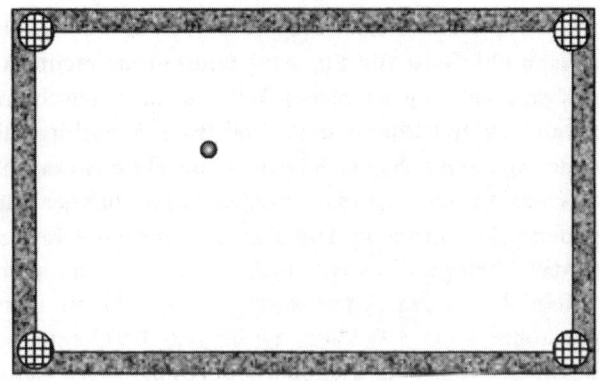

tern Sie, wie man eine Kugel in eine bestimmte Ecktasche stößt, und zwar über keine oder eine Bande, zwei oder drei Banden.

50. Tapetengeometrie

Einige alte Videospiele bedienten sich einer interessanten, aber simplen visuellen Technik, um das Spielfeld zu erweitern. Eine Figur, die auf der rechten Seite des Bildschirms verschwand, kehrte auf der linken Seite wieder zurück, während die Hintergrundszenerie sich nicht veränderte. Das heißt, der rechte Bildrand stimmt mit dem

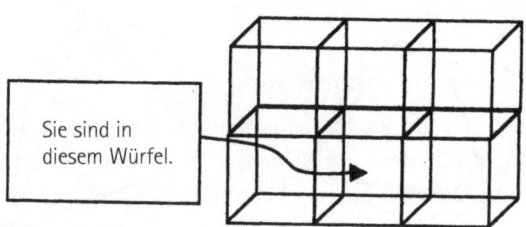

Sie sind in diesem Würfel.

linken Bildrand überein, ebenso der obere mit dem unteren Bildrand. Man könnte sogar Bildschirme rechteckig anordnen, sodass jeder rechte Bildrand mit einem linken Bildrand übereinstimmt usw., und jeder Bildschirm das gleiche Bild zeigt. Später kamen schnellere Systeme auf, bei denen sich die Szenerie bewegte, und schließlich wurden diese 2-D-Ansichten von 3-D-Ansichten abgelöst.

Betrachten wir nun eine regelmäßige 3-D-Anordnung von Würfeln, die an den Seiten sowie oben und unten aneinanderstoßen – der 3-D-Raum, der dem 2-D-Videospiel im alten Stil entspricht. Gegenüberliegende Würfelseiten stimmen miteinander überein, wobei diese seitlichen Oberflächen unsichtbar sind. Stellen Sie sich vor, dass Sie in einem der Würfel in diesem Raum stehen und nach rechts schauen. Und siehe da – Sie erblicken sich selbst! Was sehen Sie da eigentlich? Was erblicken Sie, wenn Sie nach oben schauen?

51. Raumfüllende Geometrie

Würfel lassen sich in drei Richtungen so nebeneinander legen, dass sie einen 3-D-Raum vollständig ausfüllen. Auch regelmäßige Oktaeder können den 3-D-Raum ausfüllen, Kugeln mit dem gleichen Radius hingegen nicht.

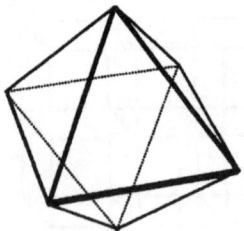 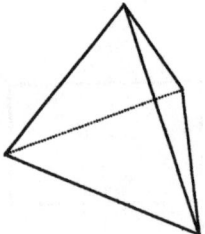

Können regelmäßige Tetraeder den 3-D-Raum lückenlos ausfüllen? Und regelmäßige Dodekaeder (Zwölfflächner) und regelmäßige Ikosaeder (Zwanzigflächner)?

52. Der Grabstein des Archimedes

Auf dem Grabstein des Archimedes soll eine Kugel in einem Zylinder sowie das Symbol π eingraviert gewesen sein. Welche Beziehung besteht zwischen den beiden 3-D-Objekten, wenn sie den gleichen Radius haben? Und warum befinden sie sich auf diesem Grabstein?

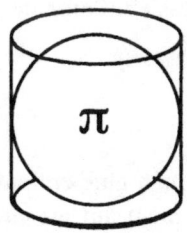

53. Hirnverknüpfungen

Das menschliche Gehirn enthält über 100 Milliarden Neuronen (Nervenzellen), wobei jedes Neuron Inputsignale von 10 bis 1000 anderen Neuronen empfängt. Schematische Darstellungen dieser Verknüpfungen im Gehirn zeigen stets ein unglaubliches Liniennetz, das die Neuronen darstellt, und zwar als 2-D-Bild oder als 3-D-Bild. Nehmen wir an, Sie erzeugen ein verkleinertes Computermodell des menschlichen Gehirns, das nur 1 Million Neuronen in einem 3-D-Raum enthält. Wie viele Inputverknüpfungen würde jedes Neuron im Durchschnitt aufweisen? Warum ist die Antwort so überraschend?

54. Konfigurationsraum

Nehmen wir an, wir haben einen Roboterarm, der die Bewegungen eines menschlichen Arms nachahmt. Der Arm existiert im vertrauten physikalischen 3-D-Raum. Betrachten wir nun eine vereinfachte Version des Roboterarms, die nur aus drei miteinander verbundenen Teilen besteht: Oberarm, Unterarm und Hand, alle in Form von geraden Stangen, die miteinander verbunden sind. Der Körper des Roboters, einschließlich der Schulter, bleibt in seiner Position fixiert. Wir möchten, dass der Roboterarm ein bestimmtes punktartiges Objekt im Raum berührt. Mit wie vielen Zahlen muss ein Computerprogramm die Armposition beschreiben?

55. Die Gänsejagd

Bauern wissen, dass man eine entlaufene Gans nur dann einfängt, wenn man nicht auf einem offenen Feld hinter ihr herläuft, sondern sie in die Enge treibt. Nehmen wir jedoch einmal an, der Bauer und die Gans befinden sich auf einem offenen Feld, und beide laufen mit der gleichen Geschwindigkeit v – aus Gründen der Fairness. Außerdem darf der Bauer die Gans nur entlang der momentanen Sichtlinie zur Gans jagen. Wann wird der Bauer die Gans fangen?

56. Der gespenstische Kühlschrank

Christina stellt fest, dass Lebensmittel aus ihrem Kühlschrank verschwinden – und doch zeigt ihre Überwachungskamera niemanden, der die Tür öffnet. Nehmen wir an, unsere räumliche 3-D-Welt wäre eigentlich eine räumliche 4-D-Welt, aber wir hätten keine Ahnung von der Existenz der vierten räumlichen Dimension. Es gibt noch immer die einzige Zeitdimension. Könnte ein 4-D-Wesen Lebensmittel aus Christinas 3-D-Kühlschrank herausholen, ohne die Kühlschranktür zu öffnen?

57. Gibt es Bruchteildimensionen?

Ein Punkt hat null Dimensionen. Eine Linie hat eine Dimension. Eine Ebene hat zwei Dimensionen. Der Raum hat drei Dimensionen. Kann etwas 1,585... räumliche Dimensionen haben?

58. Platonische Körper

Es gibt fünf regelmäßige Polyeder, die so genannten Platonischen Körper: den regelmäßigen Tetraeder (4 Flächen), den regelmäßigen Hexaeder (Würfel), den regelmäßigen Oktaeder (8 Flächen), den regelmäßigen Dodekaeder (12 Flächen) und den regelmäßigen Ikosaeder

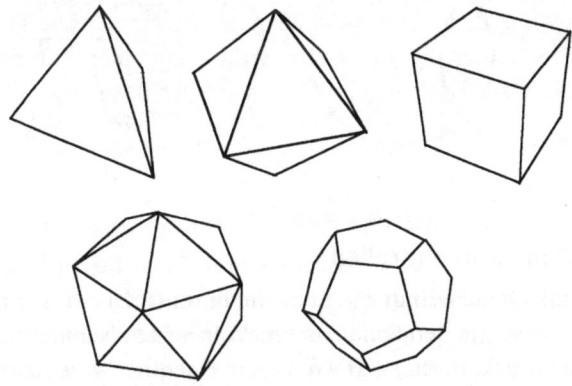

(20 Flächen). All diese Körper haben eine zweifache Rotationssymmetrieachse durch die Mitte jeder Kante – das heißt, nach einer Drehung um diese Achse um 180 Grad sieht das Objekt genauso aus wie zuvor. Aber der regelmäßige Tetraeder hat keine Umkehrsymmetrie.

Wenn wir zwei identische regelmäßige Tetraeder sich so schneiden lassen, dass ihre Zentren zusammenfallen, kann das zusammengesetzte Objekt dann eine zweifache Rotationssymmetrieachse haben? Eine Umkehrsymmetrie?

59. Sich schneidende Kugeln

Zwei Kreise (Mathematiker sprechen von Ein-Sphären) schneiden sich in der 2-D-Ebene entweder in einem Punkt, in zwei Punkten oder in einem Kreis. Im 3-D-Raum schneiden sich zwei Kugeln (oder Zwei-Sphären) entweder in einem Punkt, einem Kreis oder in einer Kugel. Welche Schnittstellen treten bei zwei Drei-Sphären auf? Und bei drei Drei-Sphären?

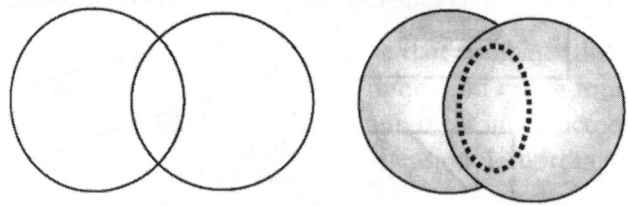

60. Den Arm verdrehen

Normalerweise bringt die Rotation eines Objekts um eine feste Achse um 360 Grad das Objekt in seine Ausgangsposition zurück. Barbara ist jedoch so beweglich, dass sie die folgende doppelte Rotation schafft. Sie legt ein kleines Objekt, zum Beispiel ein Buch, auf die rechte Hand, hält das Buch horizontal und merkt sich seine Ausrichtung im Raum. Während sich Barbara eine senkrechte Achse vom Fußboden bis zur Decke vorstellt, bewegt sie das Buch zuerst nach innen und dann unter den Oberarm. Dabei hält sie das Buch horizontal und dreht es schließlich völlig um die senkrechte Achse in die Ausgangsposition zurück. Ihr Arm ist jetzt verdreht. Kann sie ihn wieder in die Normalhaltung zurückbringen, indem sie ihn ein zweites Mal in die gleiche Richtung dreht?

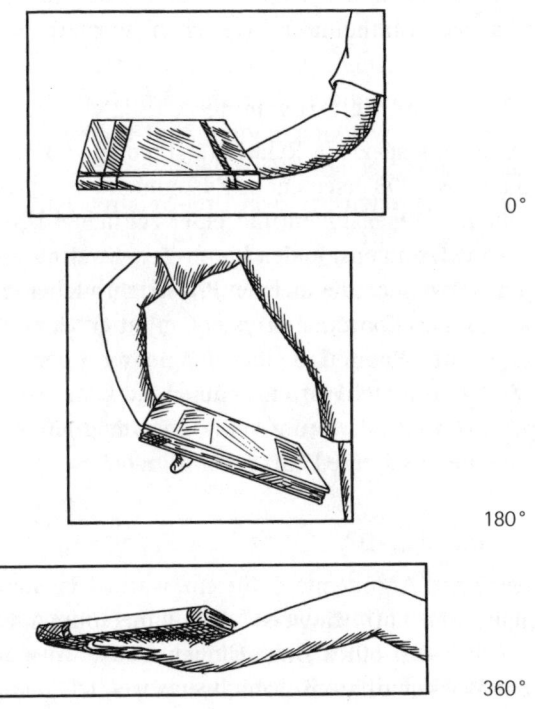

0°

180°

360°

61. Die sich drehende Tasse

Stellen Sie eine Tasse mit einem Griff in Augenhöhe auf ein Bord. Gehen Sie nun in einer geraden Linie mit einer annähernd konstanten Geschwindigkeit an der Tasse vorbei, wobei Sie immerzu den Kopf drehen, um die Ausrichtung der Tasse zu beobachten. Merken Sie sich, was Sie sehen. Die Tasse scheint sich zu drehen, und zwar entgegengesetzt zu Ihrer Laufrichtung, anfangs ganz langsam, dann rasch, dann wieder langsam. Stellen Sie sich nun vor, Sie seien stationär und die Tasse selbst würde sich in einer geraden Linie mit konstanter Geschwindigkeit an Ihnen vorbeibewegen. Sie könnten dies demonstrieren, indem Sie die Tasse in Ihrer Hand an sich vorbeiführen. Was sehen Sie jetzt?

62. Raum und Zeit zusammen

Um Einsteins spezielle Relativitätstheorie von 1905 und Minkowskis 1908 erschienene Zusammenfassung von drei räumlichen Dimensionen und einer zeitlichen Dimension zu einem vierdimensionalen Raum-Zeit-Kontinuum zu erklären, verwenden die meisten Physiklehrbücher ein vierdimensionales Koordinatensystem, mit drei realen Koordinaten für den Raum und einer imaginären Koordinate für die Zeitkoordinate. Warum nehmen sie keine vier realen Koordinaten? Und warum keine drei imaginären Raumkoordinaten und eine Echtzeitkoordinate?

63. Raum > 3-D?

Fallen Ihnen Argumente dafür ein, warum der Raum drei Dimensionen hat? Hinweis: Sind Planetenumlaufbahnen in einem Raum mit n Dimensionen stabil, wo $n > 3$ ist? Ist das Wasserstoffatom stabil, wenn $n > 3$?

IV Phantasiewelten auf dem Prüfstand

Wir leben in einer Welt, die sich an die Naturgesetze hält. Aber diese natürliche Welt, wie sie von der Physik und den anderen Naturwissenschaften beschrieben wird, kann von der menschlichen Phantasie durch andere Welten ersetzt werden. Die künstlichen Welten, die in den vielen Formen der Literatur sowie in akustischen und optischen Darstellungen erschaffen werden, haben heutzutage einen mächtigen Einfluss auf uns alle. Ja, immer mehr Menschen leben lieber in diesen Phantasiewelten als in der wirklichen Welt. In den folgenden Aufgaben beschäftigen wir uns mit einem Teil der »verdrehten Wissenschaft«, die in so vielen Filmen und Fernsehspielen dominiert. In gewisser Weise kann das Wissen um die richtige Wissenschaft Ihren Spaß an der unterhaltsamen Science-Fiction sogar noch vergrößern, etwa so, wie die Schönheit einer Biene noch mehr erstrahlt, wenn man weiß, wie diese Biene mit den anderen Bienen in ihrem Stock kommuniziert.

64. Schusswechsel

In manchen Fernsehserien und Filmen kommen hochdramatische Szenen vor, in denen jemand erschossen wird und dabei durch die Wucht des Projektils einen oder zwei Meter nach hinten geschleudert wird. Ist diese drastische Reaktion eine Hollywooderfindung oder ein plausibel zu erklärendes physikalisches Phänomen?

65. Körperpolster

Ein Sturz von einem mehrere Stockwerke hohen Haus auf Asphalt oder selbst auf Rasen wird zu schweren Verletzungen oder gar zum Tod führen. Doch wir kennen alle die Szene, in der der Filmheld über die Dachkante stürzt und sich dabei an einen anderen menschlichen Körper unter ihm klammert, um den Aufprall zu dämpfen. Bestimmt ist die Kollision mit diesem zweiten Körper besser als die direkte Kollision mit dem Erdboden. Was meinen Sie?

66. Der freie Fall im Zeichentrickfilm

Viele Menschen haben in ihrer Jugend die Naturgesetze aus Zeichentrickfilmen kennen gelernt – manche lernen noch immer von solchen Filmen! Da tritt die Zeichentrickfigur etwa über eine Felsklippe hinaus und bleibt in der Luft stehen, bis ihr die Situation bewusst wird, und dann saust sie nach unten. Wenn Sie sich die Szene vergegenwärtigen, welche Verstöße gegen die Physik stellen Sie dann dabei fest?

67. Durch die Wand gehen

Wenn eine Zeichentrickfigur durch eine massive Wand oder ein anderes Objekt kracht, weist der Durchbruch die gestochen scharfen Umrisse der Figur auf. Was würde ein Festkörperphysiker zu dieser an eine Plätzchenausstechform erinnernden Materialreaktion sagen?

68. Künstliche Schwerkraft

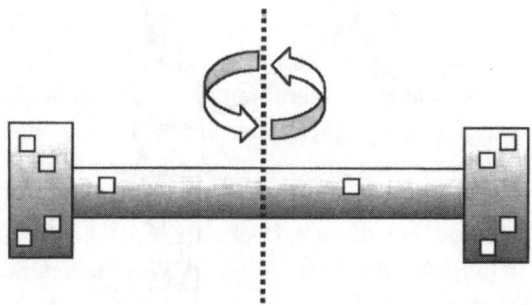

Wir alle wissen, dass ein Körper in einer um die Erde kreisenden Raumstation oder in einem Raumschiff »herumschwebt«, das mit einer in Bezug auf die Sterne konstanten Geschwindigkeit dahinfliegt. In manchen Filmen dreht sich eine hantelförmige Raumstation um eine senkrecht zur Längsachse verlaufende Mittelachse, damit eine künstliche Schwerkraft erzeugt wird. Welche interessanten Verhaltensmuster könnte ein Astronaut aufweisen, der entlang der Längsachse von einem Ende zum anderen geht?

69. Kleine Flügel

Science-Fiction-Helden, die andere Planeten besuchen, begegnen Außerirdischen, die sich schwebend in der Luft halten, indem sie mit zwei kleinen, etwa 40 Zentimeter langen, am Rücken befestigten Flügeln flattern. Diese Wesen sind zwar nur knapp einen Meter groß, wiegen aber mindestens 20 Kilo. Könnten die Außerirdischen wirklich fliegen?

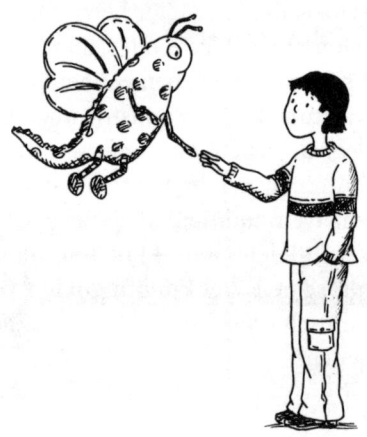

70. Geschrumpfte Menschen

Stellen Sie sich vor, Sie werden, wie es in manchen Filmen üblich ist, durch irgendeinen Trick in allen Dimensionen um das 100-Fache verkleinert. Zwar gibt es tatsächlich jede Menge Raum zwischen den Atomen und Molekülen unseres Körpers, aber bei einer Verkleinerung würden Abstoßungskräfte usw. zunehmen. Wir wollen das einmal ignorieren und annehmen, eine solche Schrumpfung wäre möglich. Aus welchen physikalischen Gründen haben Sie dann vor allem beim Gehen Probleme?

71. Raumschiffkonstruktionen

Die schlichten, aber funktionstüchtigen Raumschiffe von Buck Rogers und Flash Gordon sind längst von aufwändigen neuen Konstruktionen mit interessanten Formen, Größen und Fähigkeiten abgelöst worden. Zu Beginn des Raumzeitalters in den Fünfzigerjahren des vorigen Jahrhunderts wurde man sich in erhöhtem Maße der praktischen physikalischen Bedingungen bewusst, die für die erfolgreiche Mission einer Rakete oder eines Raumschiffs gelten. Dennoch setzt sich noch heute, über 50 Jahre später, der Einfallsreichtum der Filmindustrie über die Gesetze der Physik hinweg. Da sehen wir dann, wie die neuesten Raumschiffe mit Atomantrieb im Weltraum operieren, mal eben so auf einem Weltraumflughafen auf der Erde (oder einem anderen vergleichbaren Planeten) landen und wenig später vom selben Weltraumflughafen wieder ins All starten. Warum schaffen wir das nicht mit den heutigen Raumfahrzeugen?

72. Warp-Geschwindigkeit

Raumschiffe können bekanntlich ihren Warp-Antrieb einschalten, um schneller als mit Lichtgeschwindigkeit zu fliegen. Lässt sich diese Fähigkeit mit den Begriffen der heutigen Physik erklären?

73. Wenn das Eis am Nordpol schmilzt ...

Umweltkatastrophen sind bei Filmemachern beliebt. Seit einigen Jahren geht der Trend hin zu Katastrophen im globalen Maßstab, weil sich das Publikum der globalen Ausmaße von Umweltproblemen stärker bewusst geworden ist. Droht eine globale Erwärmung, könnte an den Polen der Erde viel Eis schmelzen. In manchen Filmen werden ganze Küstenregionen unter Wasser gesetzt. Wie würde sich Ihrer Meinung nach die Höhe des Meeresspiegels ändern, wenn allein das Eis am Nordpol völlig dahinschmelzen würde?

74. Blitz und Donner

Im Kino sehen wir es in der Ferne blitzen – und gleichzeitig hören wir das Donnergrollen. Dabei wissen wir doch, dass in Wirklichkeit der Blitz zu sehen ist, bevor wir den Donner hören, und zwar pro Kilometer Entfernung zum Blitz mit einem Zeitunterschied von etwa drei Sekunden. Nehmen wir an, Sie seien für eine Schlachtszene in einem Kriegsfilm verantwortlich. Wenn Sie die Sequenzen mit den Explosionen auf dem Schlachtfeld bearbeiten, was würden Sie dann tun, damit der Zuschauer sie authentisch erlebt?

75. Explosionen im Weltall

Explosionen im Weltall sind auf der Großleinwand ein phantastisches Erlebnis. Da schießt Materie in leuchtenden Farben in allen Richtungen nach außen, wobei ihre Dichte umgekehrt proportional zum Quadrat der Entfernung abnimmt. Sobald der Lichtblitz zu sehen ist, erschüttert die Explosion das Raumschiff mit einem donnernden Dröhnen. Schließlich zischen Trümmer heulend vorbei. Was halten Sie von dieser Weltraumphysik?

76. Weltraumkriege

Ein Weltraumschlachtkreuzer nach dem andern verschießt starke Laserstrahlen, die den Weltraumschlachtkreuzer des Feindes zerstören. Wir sehen, wie die roten Laserstrahlen den Gegner treffen, und wir hören die Explosion, wenn das Objekt auseinanderfliegt. Welche wunderbare Physik können wir hier erlernen?

77. Sicherheitslaser

Ziemlich oft wird die Spannung in einem Thriller oder Abenteuerfilm dadurch erhöht, dass das begehrte Objekt durch ein Netz von sichtbaren Laserstrahlen gegen Diebstahl geschützt ist. Will jemand das Objekt stehlen, darf er diese Strahlen keineswegs durchkreuzen, denn sonst wird ein Sicherheitsalarm ausgelöst. Wenn Sie der Filmregisseur wären, wie würden Sie dann dafür sorgen, dass in dieser Szene physikalisch alles mit rechten Dingen zugeht?

78. Funken schlagende Geschosse

Querschläger fliegen durch die Luft. Die bösen Jungs feuern eine Maschinenpistolensalve ab, während der Held durch eine Fabrik rennt. Die Kugeln, die zum Beispiel auf Stahlgeländern aufprallen, erzeugen ein wahres Feuerwerk von Funken. Fast jeder, der den Helden hier in großer Gefahr sieht, wird diese Szene als dramatisch empfinden. Was stimmt da Ihrer Meinung nach physikalisch nicht?

79. Internetspiele

Seit Jahren werden »Livespiele« übers Internet gespielt. Beim Damespiel oder Poker beispielsweise ist jeder Spieler abwechselnd an der Reihe, sodass kurze Verzögerungen kein Problem darstellen. Selbst bei einem Spiel um die Weltmeisterschaft mit vielen Spielern kann jeder Spieler seine Züge jederzeit machen, bevor seine Frist abläuft. Aber bei vielen Videospielen müssen mehrere Spieler simultan agieren, sodass Verzögerungen für die Kampffigur eines Spielers in einem Actionspiel fatale Folgen haben können. Gelegentlich hört man von Teilnehmern an solchen Actionspielen, dass sie ihren Zug machen wollten, aber das Internet sei zu langsam gewesen. Wie verhält es sich hier wirklich?

80. Verzerrungen in Zeichentrickfilmen

In Zeichentrickfilmen werden Objekte auf abenteuerliche Weise gedehnt und zerknautscht und dann losgelassen. Einige Figuren erleiden das gleiche Schicksal. Wird am Körpermaterial einer Zeichentrickfigur gezogen, sehen wir oft, wie sich der Teil, der der angewandten Kraft näher ist, zuerst dehnt und dann der Rest mit einer kleinen Verzögerung folgt. Wenn zum Beispiel ein Zeichentrickhund am Bein einer anderen Figur zerrt, sehen wir, wie sich dieses Bein dehnt, während der Oberkörper normal bleibt, bis sich schließlich auch der Oberkörper und die Arme dehnen und die Figur den Türrahmen loslässt, an den sie sich geklammert hat. Wenn Sie hier einige physikalische Konzepte anwenden, was können Sie dann über die Schallgeschwindigkeit im Körper einer Zeichentrickfigur sagen?

81. Infrarotbilder

In Thrillern und Abenteuerfilmen wird das Bildmaterial eines Infrarotsichtgeräts oft rekonstruiert und gestochen scharf grünlich oder schwarz-weiß wiedergegeben. Wir sehen die Infrarotgesichter von Menschen, als wären sie ursprünglich farbige Bilder, die man ganz normal mit eigenen Augen erblickt, aber nun sind diese farbigen Bilder in Schwarz-Weiß-Bilder umgewandelt. Verstößt diese Darstellung der Infrarotbilder in irgendeiner Weise gegen die Physik?

82. Lichtsäbel

Seit mehreren Jahrzehnten schon begegnen wir auf der Kinoleinwand Feinden, die sich mit Lichtsäbeln duellieren. Ist eine solche Waffe nicht das Lächerlichste, was Sie je gesehen haben?

83. Kraftfelder

In Schlachtszenen vieler Science-Fiction-Filme sehen wir, wie die Bösewichter mit ihren riesigen Laserkanonen aufkreuzen, um die Guten zu beschießen, die durch ein sichtbar transparentes Kraftfeld geschützt sind. Warum prallen die Laserstrahlen vom Kraftfeld ab?

84. Die kalte Stille des Weltalls

»In der kalten Stille des Weltalls« – so beginnen viele Schilderungen des Weltraums zwischen Planeten. Hält diese Aussage einer physikalischen Analyse stand?

85. Atom-U-Boot

In etlichen Filmen gerät der Kernreaktor an Bord eines Atom-U-Boots außer Kontrolle. Wir erfahren, dass der Sicherheitsbehälter nicht mehr lange halten wird und dass es am besten wäre, das U-Boot mehrere hundert Meter unter Wasser zu manövrieren. Wenn es dort unten zur Explosion kommt, was könnte dann geschehen?

86. Plutonium kontra Uran

Angenommen, Sie finden eine Atombombe und beschließen, sie zu einem sicheren Versteck zu transportieren. Was bedeutet es für Ihre Sicherheit, ob die Bombe aus Uran 235 oder aus Plutonium 239 besteht?

87. Eine Atomexplosion

Die Drehbuchautoren vieler Kriegs- und Abenteuerfilme stellen sich gern vor, dass ein Atomsprengkopf explodiert, wenn er mit einem anderen Objekt zusammenstößt, etwa einer Rakete oder einem herumfliegenden Granatsplitter. Angenommen, der Atomsprengkopf befindet sich an Bord einer Interkontinentalrakete und wird von einer Abfangrakete getroffen. Was wird passieren?

88. Das Gewebe der Raum-Zeit

In Science-Fiction-Filmen begegnet man immer wieder Mutmaßungen über das »Gewebe der Raum-Zeit« und »Risse im Raum-Zeit-Kontinuum«. Der Protagonist eines unterhaltsamen Films aus dem Jahr 2001 stellte eine Gleichung für Zeit und Ort eines temporären Risses im Gewebe der Raum-Zeit auf. Mehrere Figuren im Film sprangen von der New Yorker Brooklyn Bridge durch den temporären Raum-Zeit-Riss, der als Portal zu einer anderen Dimension ins Jahr 1876 fungierte, und dann kehrten sie durch den nächsten temporären Riss zurück, indem sie ein paar Tage später wieder von der Brücke sprangen. Andere Filmfiguren haben außerdem die Formulierung »Schwerkraftgeschwindigkeit« auf eine doppeldeutige Weise verwendet. Was lässt sich zu alldem vom Standpunkt des Physikers aus sagen?

V Zeitreisen und die Paradoxa der Raum-Zeit

Wohl keine physikalische Theorie des 20. Jahrhunderts be-
schäftigt die Phantasie der Menschen so sehr wie die spezielle Relativitätstheorie (SRT). Die absolute Zeit und der
absolute Raum werden hier ein für alle Mal ad acta gelegt
zugunsten der Vereinigung von Raum und Zeit zu einer
bedeutsamen Einheit, der Raum-Zeit. Die vierdimensio-
nale Welt der Raum-Zeit hat unglaublich viele Mutmaßungen über das Verhalten der Natur ausgelöst. Diese
Mutmaßungen gelten unter anderem den so genannten
Zeitreisen, dem Phänomen, dass zwei Menschen unterschiedlich schnell altern, wenn der eine auf der Erde bleibt
und der andere sich auf eine Reise ins Weltall begibt, der
Fähigkeit, die Rückseite eines sich nähernden Würfels zu
erkennen, und der Umwandlung von Masse in Energie.
Wie Sie vielleicht wissen, beruht die SRT auf der Vorstellung, dass zwei Beobachter in verschiedenen ruhenden Be-
zugssystemen jeweils physikalische Vorgänge so erleben
müssen, wie es die gleichen Grundgesetze vorschreiben.
Selbst wenn sich diese beiden ruhenden Bezugssysteme
mit konstanter Geschwindigkeit in Bezug zueinander bewegen, ist für beide Beobachter die Lichtgeschwindigkeit
in einem Vakuum die gleiche. Die wichtigen Größen in der
SRT sind die Invarianzen. Für viele Menschen ist die nütz-
lichste Invarianz das Raum-Zeit-Intervall τ, das definiert
wird durch $\tau^2 = c^2\ \Delta t^2 - \Delta x^2 - \Delta y^2 - \Delta z^2$. Für andere
ist die relativistische Impulsinvarianz $E^2 - p^2 c^2 = m^2 c^4$
am nützlichsten, weil sich $E_0 = mc^2$ direkt ableiten lässt,
wobei die Masse m eine Konstante ist, die bei allen Ge-

schwindigkeiten, an allen Orten und zu allen Zeiten gleich ist. Viele Aufgaben in diesem Kapitel testen Ihre Fähigkeit, diese Invarianzen anzuwenden.

89. Der Lichtstrahl des Leuchtturms

Kann sich ein Lichtfleck schneller als c, die Lichtgeschwindigkeit, bewegen? Wenn sich beispielsweise ein Leuchtturmscheinwerfer mit ganz hoher Geschwindigkeit dreht, wird dann der Lichtfleck, aus größerer Entfernung vom Leuchtturm betrachtet, mit einer Geschwindigkeit über den Himmel huschen, die größer als 3×10^8 m/s ist?

90. Quasargeschwindigkeit

Man hat Quasare entdeckt, deren Fluchtgeschwindigkeit aufgrund der kosmologischen Relation für die Rotverschiebung z, nämlich $1 + z = \exp(v/c)$, größer als die Lichtgeschwindigkeit c ist. Das sind zum Beispiel Quasare mit $z > 3$. Und um den gegenwärtigen Zustand des Universums erklären zu können, setzt das inflationäre Urknallmodell eine Ausdehnung des Raums im jungen Universum voraus, die schneller als das Licht ist. Verstoßen diese Beispiele gegen die spezielle Relativitätstheorie?

91. Annäherung eines Raumschiffs

Ein Raumschiff fliegt auf Stephanie mit der relativen Geschwindigkeit $v/c = 0{,}98974$ zu. Was sieht Stephanie, wenn sich das Raumschiff nähert und dann an ihr vorbeisaust? Tipp: Stellen Sie sich der Einfachheit halber statt eines Raumschiffs einen sich nähernden Würfel vor.

92. Masse und Energie

Geradezu ein Symbol des 20. Jahrhunderts ist die berühmte Beziehung zwischen Masse und Energie, wie sie Einstein formuliert hat. Hier vier mögliche Gleichungen: 1. $E_0 = mc^2$, 2. $E = mc^2$, 3. $E_0 = m_0c^2$, 4. $E = m_0c^2$. In diesen Gleichungen ist c die Lichtgeschwindigkeit, E die Gesamtenergie eines freien Körpers, E_0 seine Ruheenergie, m_0 seine Ruhemasse und m seine Masse.

Welche dieser Gleichungen drückt eine der Hauptfolgen der SRT aus? Welche Gleichung wurde zuerst von Einstein notiert und von ihm für eine Konsequenz der SRT gehalten?

93. Der Dehnungsmesser

Eine lange Metallstange befindet sich in meinem Bezugssystem im Ruhezustand. Der an ihrer Mitte befestigte Dehnungsmesser zeigt null an. Nun renne ich parallel zur Stange mit einer ungeheuren konstanten Geschwindigkeit v, die fast der Lichtgeschwindigkeit entspricht. Ich messe die Länge der Stange und stelle fest, dass die Lorentz-Fitzgerald-Kontraktion stattgefunden hat – das heißt, die Stange ist kürzer als vorher. Was müsste der Dehnungsmesser anzeigen?

94. Masse/Energie

Unter gewissen Bedingungen lässt sich Masse in Energie umwandeln, nach der Gleichung $E_0 = mc^2$. Unter gewissen eingeschränkten Bedingungen kann sich Energie als Masse materialisieren. Was ist an diesen Aussagen falsch?

95. Teilchensystem

Ein Teilchensystem besteht aus n sich frei bewegenden Teilchen. Ist die Masse dieses Systems gleich der Summe der Massen der einzelnen Teilchen?

96. Die Ausbreitung von Licht

Angenommen, Patricia fährt mit ihrem Auto fast mit Lichtgeschwindigkeit und schaltet die Scheinwerfer an. Der Einfachheit halber benötigt das Licht im ruhenden Bezugssystem eines Beobachters auf dem Boden eine Sekunde, um das 3×10^8 Meter entfernte Stoppschild zu erreichen. Dieser Beobachter sieht dann, wie das Auto das Stoppschild kurz nach dem Licht erreicht.

Patricia sieht, wie sich das Licht mit 3×10^8 m/s vorwärtsbewegt, aber zugleich sieht sie, wie sich ihr das Stoppschild fast mit Lichtgeschwindigkeit nähert. Somit sieht sie, wie der Lichtblitz und sie selbst kurz nacheinander das Stoppschild erreichen.

Nennen wir das Eintreffen des Lichts am Stoppschild Ereignis A und das Eintreffen des Autos Ereignis B. Wird die Zeit, die zwischen den Ereignissen A und B vergeht, für die Autofahrerin wie für den Beobachter auf dem Boden gleich sein? Nein, weil der Beobachter sieht, wie beide Ereignisse am selben Ort stattfinden, nämlich am stationären Stoppschild, sodass $\Delta x = 0$. Aus der Sicht von Patricia finden diese beiden Ereignisse an zwei verschiedenen Orten statt, die durch $\Delta x \neq 0$ getrennt sind.

Wer misst das längere Zeitintervall zwischen den Ereignissen A und B? Können Sie dieses nichtintuitive Ergebnis physikalisch beweisen? Wenn sich die Geschwindigkeit des Autos der Lichtgeschwindigkeit nähert, wie ändert sich dann der Unterschied in den Zeitintervallen, die von der Fahrerin und vom Beobachter gemessen werden?

97. Der Sagnac-Effekt

Nehmen wir an, zwei identische Uhren bewegen sich auf dem Erdäquator mit konstanter Geschwindigkeit v relativ zur Erde, und zwar die eine nach Osten, die andere nach Westen. Ticken sie gleich schnell? Was verrät die von beiden Uhren angezeigte vergangene Zeit, wenn sie sich wieder begegnen?

98. Lichtblitze

Nehmen wir an, ein Raumschiff fliegt mit konstanter Geschwindigkeit zwischen zwei Planeten A und B. Alle 10 Minuten sendet es nach seiner eigenen Zeitmessung einen Lichtblitz in alle Richtungen. Während es auf B zufliegt, sind seine Lichtblitze in Abständen von 5 Minuten auf Pla-

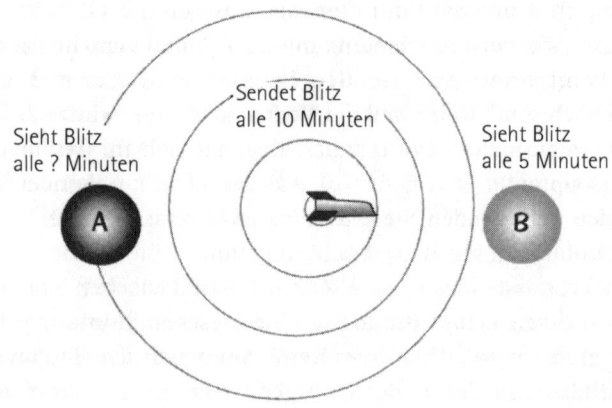

Sendet Blitz
alle 10 Minuten

Sieht Blitz
alle ? Minuten

Sieht Blitz
alle 5 Minuten

A

B

net B zu sehen. In welchen Abständen sind sie auf Planet A zu sehen? Eine dieser Möglichkeiten ist richtig: 5 Minuten, 10 Minuten, 15 Minuten, 20 Minuten – welche?

99. Kräfte und Beschleunigungen

In der Newton'schen Physik wird ein unbewegtes Objekt, auf das eine Kontaktkraft angewandt wird, in die gleiche Richtung wie die angewandte Kraft beschleunigt. Tritt dieses Verhalten auch bei angewandten Kontaktkräften in der Relativitätsphysik (SRT) auf? Wenn zum Beispiel eine angewandte Kontaktkraft das gleiche unbewegte Objekt in die Richtung drückt, die senkrecht zur Bewegungsrichtung ist, wird dann die daraus resultierende Beschleunigung in Richtung der angewandten Kontaktkraft erfolgen?

100. Gleichförmige Beschleunigung

Angenommen, ein Objekt befindet sich zunächst im Ruhezustand in Bezug auf das Laborsystem und erfährt eine gleichförmige Beschleunigung a', die von einem Beobachter in einem Raumschiff gemessen wird, das sich mit gleichförmiger Geschwindigkeit v in Bezug auf das Labor bewegt. In der Newton'schen Mechanik gilt für Geschwindigkeiten $v \ll c$, dass $v' = a't'$, nachdem t' Sekunden im sich bewegenden System vergangen sind, gemessen vom Beobachter in dem sich bewegenden Objekt. Diese Geschwindigkeit ist $v = v + a't$ nach der im Laborsystem vergangenen Zeit t, weil in der Newton'schen Physik die Uhren in den verschiedenen Systemen gleich schnell laufen. Wie lautet der Geschwindigkeitswert im Laborsystem, wenn die Geschwindigkeit relativistisch werden darf? Kann das Produkt at in einem der Bezugssysteme größer als c sein?

101. Langer Weltraumflug

Kann sich ein Mensch mit einer Beschleunigung von $a = 9,81$ (m/s^2) = g an einen 7000 Lichtjahre entfernten Ort begeben und wieder zurückkehren und dabei nur 40 Jahre älter werden? Das heißt, die Badezimmerwaage im Raumschiff muss während der ganzen Reise das richtige Gewicht eines Menschen anzeigen. Entstammt diese Meisterleistung dem Reich der Wissenschaft oder der Science-Fiction?

102. Von Kopf bis Fuß

Können relativistische Effekte bewirken, dass Ihre Füße langsamer altern als Ihr Kopf?

103. Neutrinomasse

Seit man in den Dreißigerjahren des vorigen Jahrhunderts auf ihre Existenz hingewiesen hat, ging man davon aus, dass Neutrinos und Antineutrinos aller drei Leptonenfamilien null Masse haben und sich mit Lichtgeschwindigkeit bewegen, um Energie und Drehimpuls in Kernzerfallsprozessen zu erhalten. 1969 erschienen die ersten Hinweise darauf, dass zumindest eine Neutrinoart eine andere Neutrinoart werden kann, und ein Neutrinooszillationsschema wurde vorgeschlagen. Heute wissen wir, dass in der Erdatmosphäre erzeugte Myon-Neutrinos in Elektron-

Neutrinos und Tauon-Neutrinos oszillieren können, bevor sie einen unterirdischen Detektor erreichen. Warum können nicht alle drei Neutrinoarten dennoch null Masse haben?

104. Raumschiffkollision

Zwei Raumschiffe A und B bewegen sich in direktem Kollisionskurs aufeinander zu. Für einen Beobachter, der sich in einem Trägheitssystem in Ruhe befindet, haben beide Raumschiffe die Geschwindigkeit v entlang der x-Achse. Zur Zeit der Beobachtung ist Raumschiff A mit dem Beobachter koinzident – das heißt, es hat den gleichen x-Wert. Raumschiff B befindet sich in der Entfernung L. Wir möchten nun wissen, um wie viel später die Kollision für den Beobachter und für einen anderen Beobachter an Bord von Raumschiff A stattfinden wird.

Wir möchten eine Lösungsmethode vorschlagen. Dem Beobachter zufolge findet die Kollision statt, wenn Raumschiff A oder B $L/2$ zurückgelegt hat, also die Hälfte der Entfernung zwischen ihnen, und die Zeit, die bis dahin vergeht, ist $T = L/2v$. In einem besseren Format ausgedrückt, kommt es zu drei Ereignissen:

Ereignis 1: $X_1 = 0$ $T_1 = 0$
Ereignis 2: $X_2 = L$ $T_2 = 0$
Ereignis 3: $X_3 = L/2$ $T_3 = L/2v$

Die gleichen Ereignisse lassen sich im Inertialsystem von Raumschiff A so spezifizieren:

Ereignis 1': $X_1' = 0$ $T_1' = 0$
Ereignis 2': $X_2' = ?$ $T_2' = ?$
Ereignis 3': $X_3' = ?$ $T_3' = ?$

105. Das Zwillingsparadox

An ihrem 21. Geburtstag lässt Peter seinen Zwillingsbruder Paul auf der Erde zurück und fliegt nach seiner Armbanduhr 7 Jahre lang ($2{,}2 \times 10^8$ Sekunden) in gerader Linie ins All, und zwar mit einer Geschwindigkeit von 0,96 c in Bezug zu einem Trägheitsreferenzsystem, das sich in Bezug zur Erde im Ruhezustand befindet. Dann kehrt er um und fliegt in weiteren 7 Jahren seiner Zeitrechnung mit der gleichen konstanten Geschwindigkeit zurück. Paul sieht, dass Peters Armbanduhr langsamer geht, sodass Peter $\sqrt{(1-v^2/c^2)}$ = 0,28 Mal oder 1,96 Jahre in jeder Richtung altert. Aber auch Peter sieht, wie Pauls Uhr langsamer geht als seine eigene Armbanduhr, also müsste Paul 0,28 Mal langsamer altern – das heißt, 1,96 Jahre in jeder Richtung. Bei seiner Rückkehr ruft Peter überrascht aus: »Ich weiß, dass ich 14 Jahre älter geworden bin, aber Paul sollte nur 3,92 Jahre älter geworden sein. Warum ist Paul ein alter Mann mit grauem Haar?«

Antworten

Physik in der Küche

1. Wie man ein Ei in eine Flasche zaubert ...

Newtons zweites Axiom liefert die Erklärung. Wenn das Ei auf der Flasche ruht, üben die Umgebungsluft im Zimmer sowie die auf das Ei wirkende Schwerkraft der Erde eine nach unten gerichtete Gesamtkraft auf das Ei aus, die der nach oben gerichteten Gesamtkraft gleich ist, welche die Kontaktkraft der Flasche sowie die Kraft der Luft im Inneren ausüben. Nach dem zweiten Newton'schen Axiom setzt eine nach unten gerichtete Beschleunigung ein, wenn eine nach unten gerichtete Kraft wirkt. Damit sich das Ei nach unten beschleunigt, müssen Sie die nach oben gerichtete Kraft der Luft im Inneren der Flasche reduzieren. Diese Aktion reduziert die nach oben gerichtete Gesamtkraft und ergibt eine nach unten gerichtete Kraft, wobei sich die resultierende Beschleunigung nach der Formel »Kraft = Masse mal Beschleunigung« richtet.

Das richtige Timing erfordert es, dass Sie so lange warten müssen, bis das Papier, das Sie brennend in die Flasche gegeben haben, aufhört zu brennen – aber dann müssen Sie sofort das Ei sorgfältig auf die Öffnung platzieren. Die erwärmte Luft in der Flasche wird sich genau in dem Augenblick abzukühlen beginnen, wenn das Papier verbrannt ist. Das Ei versiegelt die Öffnung, sodass der Luftdruck im Inneren abnimmt, während sich die Luft weiter abkühlt. Die nach unten gerichtete Gesamtkraft wird schließlich größer als die Kräfte sein, die dem Ei auf der Öffnung entgegenwirken, und die resultierende nach unten gerichtete Kraft wird das Ei in die Flasche hinein beschleunigen. Die Bewegung hält so lange an, bis das Ei auf dem Boden auftrifft. Plopp!

2. ... und wie man es wieder herauszaubert

Das hartgekochte Ei befindet sich in der Flasche und soll unbeschädigt wieder herausgeholt werden. Wenn die nach außen gerichtete Gesamtkraft, die auf das Ei einwirkt, die Gesamtkraft, die dem Herausschlüpfen des Eis entgegenwirkt, übersteigt, dann wird sich das Ei aus der Flasche heraus beschleunigen. Nehmen wir an, die Flasche wird senkrecht mit der Öffnung nach unten gehalten. Die auf das Ei einwirkende Schwerkraft der Erde – also sein Gewicht – plus die Kraft der Luft im Inneren der Flasche ergeben die nach unten gerichtete Gesamtkraft, die auf das Ei einwirkt. Die nach oben gerichtete Kraft ist die Kontaktkraft der Flasche (einschließlich der Haftreibung) plus die Kraft der Umgebungsluft im Zimmer.

Um das Ei herauszuholen, müssen Sie eine Druckdifferenz zwischen der Luft innerhalb und der Luft außerhalb der Flasche erzeugen, wobei der größere Druck im Inneren herrschen sollte. Halten Sie die Flasche so, dass sich ihre Öffnung neben Ihrem Mund und ihr Boden etwas höher befindet, sodass das Ei weit vorn im Flaschenhals liegt, aber diesen nicht völlig blockiert. Atmen Sie kräftig in die Flasche aus, um den Luftdruck darin plötzlich zu erhöhen. Der Bernoulli-Effekt – also die Reduktion des Luftdrucks senkrecht zur Strömungsrichtung der Luft –, der durch den um das Ei herumfließenden Luftstoß sowie den erhöhten Luftdruck im Inneren verursacht wird, bewirkt, dass das Ei durch den Flaschenhals hindurch aus der Öffnung herausgedrückt wird. Wenn die nach außen gerichtete Kraft auftritt, beschleunigt sich das Ei nach außen. Manchmal springt es einfach heraus und muss mit dem Mund aufgefangen werden, und manchmal muss man es sacht aus der Öffnung herausziehen. Je senkrechter die Flasche gehalten wird, desto mehr hilft die Schwerkraft der Erde mit.

3. Die Zuckerlösung

Normalerweise kann man etwa fünf Tassen Zucker in einer Tasse Wasser auflösen! Die Zuckermoleküle können sich ganz einfach in die leeren Räume zwischen den Wassermolekülen hineinquetschen – sie nehmen also eigentlich nicht mehr Raum ein. Das Wasser bildet eine Art offenes Gitterwerk, in dem die Wassermoleküle lose miteinander verknüpft sind, sodass sich in den »Löchern« in diesem Wassergitter eine große Zahl anderer Moleküle unterbringen lassen. Die Zuckermoleküle gehen vorübergehend Wasserstoffverbindungen mit den Wassermolekülen ein, und diese Verbindungen lösen und bilden sich in ständigem Wechsel. Im Prinzip gilt die Regel »Gleiches löst Gleiches«. Die Zuckermoleküle sind natürlich ziemlich groß – eine Tasse Zuckermoleküle enthält nur etwa ein Fünfundzwanzigstel der Menge an Wassermolekülen in einer Tasse. Somit kommen in der Lösung viele Wassermoleküle auf jedes Zuckermolekül.

4. Brot kneten

Jedes weitere Kneten des Brotteigs verteilt das durch die Wirkung der Hefe freigesetzte CO_2-Gas und ergibt eine feinere Struktur – das heißt, kleinere Löcher, die gleichmäßiger im gesamten Brotvolumen verteilt sind.

Zunächst ist die Hefe ungleichmäßig im Brotteig konzentriert. Wo mehr Hefe ist, wird durch ihre chemische Reaktion auch mehr CO_2-Gas erzeugt, und damit entstehen in diesem Bereich gewöhnlich auch größere Blasen. Auf der molekularen Ebene werden von der Hefe freigesetzte CO_2-Moleküle sich ein wenig im umgebenden Teig verteilen, wobei sie sich in der verfügbaren Zeit wahrscheinlich nicht sehr weit bewegen. Ein Teil der Gasblasen kann sich sogar zu größeren Blasen verbinden. Ohne weiteres Kneten enthalten manche Stellen im Brot viele oder große Blasen, andere Stellen dagegen sehr kleine oder gar keine. Wir alle kennen Brote mit einer ungleichmäßigen Blasenverteilung oder gar nur mit einer großen Blase irgendwo. Diese Unregelmäßigkeiten, sofern sie nicht beabsichtigt sind, lassen sich durch gründlicheres Kneten beseitigen.

5. Butter abmessen

Butter schwimmt auf Wasser, da sie eine geringere Dichte als Wasser hat. Zum Abmessen einer halben Tasse Butter empfehlen viele Kochbücher folgendes Verfahren: Man gebe eine halbe Tasse Wasser in den Messbecher und füge dann Butterstückchen hinzu, bis der Wasserspiegel zur Markierung von einer Tasse angestiegen ist. Oft wird dann darauf hingewiesen, hier gelte das archimedische Prinzip. (Das archimedische Prinzip besagt, dass ein Körper, der ganz oder teilweise in eine Flüssigkeit eintaucht, eine Auftriebskraft erfährt, deren Betrag gleich der Gewichtskraft der durch den Körper verdrängten Flüssigkeitsmenge ist.)

Doch das empfohlene Messverfahren hat nichts mit dem archimedischen Prinzip zu tun! Und die gemessene Buttermenge beträgt nicht genau eine halbe Tasse!

Würden dabei Eiswürfel statt Butterstückchen verwendet, wäre das Verfahren korrekt. Beweis: Wenn schwimmendes Eis schmilzt, verändert sich die Höhe des Wasserspiegels nicht. Somit ist das empfohlene Verfahren nur dann korrekt, wenn man eine halbe Tasse Eis messen will. Aber Butter hat nicht die gleiche Dichte wie Eis, ebenso wenig wie geschmolzene Butter genauso dicht ist wie Wasser. Daher unterscheiden sich die eingetauchten Volumina von Eis und Butter.

Wird die Butter jedoch unter der Wasseroberfläche gehalten, wenn Wasser hinzugegeben wird, dann ist die Buttermessung korrekt, wenn das Wasser die Markierung von einer Tasse erreicht. Dann misst man einfach das Volumen der Butter – und diese Messung hat nichts mit dem archimedischen Prinzip zu tun.

6. Milch und Sahne

Die Milch ist »schwerer«, das heißt dichter. Sahne schwimmt oben auf einer Sahne-Milch-Mischung, die Sahne ist also weniger dicht. Die Massendichte wird ziemlich oft mit der Strömungsträgheit von Flüssigkeiten verwechselt. Die beiden Eigenschaften haben aber nichts miteinander zu tun. Viele Leute glauben nämlich, die Sahne sei dichter. Jeder, der schon einmal eine Kuh oder eine Ziege gemolken hat, hat gesehen, wie die Sahne oben schwimmt. Ein halber Liter fettarme Sahne wiegt im Durchschnitt etwa 1,5 Gramm mehr als ein halber Liter Schlagsahne. Warum? Weil Schlagsahne mehr Fett pro Volumen hat, und Fett ist weniger dicht als Wasser.

Seit Jahrtausenden trennt man Materialien aufgrund ihrer Dichte. Gold und Platin beispielsweise trennt man von anderen Elementen, indem man die Erze in ein heißes Bleibad eintaucht. Die spezifische Dichte von Blei ist 11,36, die von Gold 19,32 und die von Platin 21,45 – Gold- und Platinatome sinken also, während praktisch alle anderen Elemente und Verbindungen schwimmen. Die Arbeiter dürfen natürlich nicht die Bleiatome in den Dämpfen einatmen.

7. Der Trinkhalm und die Kartoffel

Wenn Sie den Trinkhalm einfach nur in die Hand nehmen und durch die harte Kartoffel zu drücken versuchen, werden Sie bald frustriert aufgeben. Das Halmmaterial – Papier oder Plastik – kann dem Druck nicht standhalten und biegt sich zur Seite. Also muss dieses Seitwärtsbiegen verhindert werden, wenn Sie die Aufgabe lösen wollen. Mit Hilfe von Luftdruck können wir den Halm steifer machen.

Drücken Sie den Halm etwa fünf Zentimeter von einem Ende entfernt mit Daumen und Zeigefinger fest zusammen. Halten Sie die Kartoffel mit der anderen Hand, und zwar zwischen dem Daumen auf der einen Seite und den Fingern auf der anderen. Achten Sie darauf, dass kein Teil der Hand dem Halm in die Quere kommt, also weder oben auf der Kartoffel noch auf ihrer Unterseite liegt. Stoßen Sie nun mit einer schnellen Bewegung den zusammengedrückten Halm in die Kartoffel. Der Halm fährt geradewegs durch sie hindurch. Warum? Beim Kontakt mit der

Kartoffel wird die Luft im Halm komprimiert, und das trägt dazu bei, dass der Halm steif bleibt. Das Papier oder Plastik ist straff gespannt und verbiegt sich kaum. Man könnte den Halm auch senkrecht in einen Schraubstock oder eine Schraubzwinge einspannen und die Kartoffel auf den Halm (oder ein Bündel Halme) niedersausen lassen.

8. Heidelbeermuffins

Das Absinken der Heidelbeeren im warmen Teig wird von der Schwerkraft der Erde verursacht, und daher muss man die Reibung zwischen dem Teig und der Beerenoberfläche erhöhen, um das zu verhindern. Man könnte den Teig dicker machen, aber dann würde man vielleicht nicht die gewünschte Muffinstruktur erhalten. Stattdessen feuchtet man die Heidelbeeren, bevor man sie mit dem Teig mischt, ein wenig an und schüttelt sie in einer Schüssel mit etwas Mehl. Das Mehl haftet an der Beerenoberfläche und erhöht die Haftreibung mit dem Teig, sodass die Beeren gleichmäßig im Muffin verteilt bleiben.

Physikalisch gesehen kommt hier das zweite Newton'sche Axiom zum Tragen, das in jedem Physiklehrbuch steht, nämlich: Kraft ist gleich Masse mal Beschleunigung. Die auf die Heidelbeere wirkende abwärts gerichtete Schwerkraft muss durch eine vom Teig durch Reibung ausgeübte aufwärts gerichtete Kraft ausgeglichen werden, damit die resultierende Kraft in senkrechter Richtung und damit auch die abwärts wirkende Beschleunigung aus dem Ruhezustand gleich null ist.

In diesem Fall wird der maximale Wert der Haftreibungskraft (gleich dem Reibungskoeffizienten mal der Kraft des Teigs *senkrecht* zu der angestrebten Bewegung der Blaubeere) nicht überschritten. Ohne den Mehlüberzug ist der Haftreibungskoeffizient zu klein. Und auch die vom Teig allein ausgeübte nach oben wirkende maximale Haftreibungskraft ist zu klein. Die Beere beschleunigt sich nach unten, bis sie die kritische Geschwindigkeit erreicht, für die die Nettokraft erneut null ist, sodass die Blaubeere ohne Beschleunigung nach unten driftet. Mit dem Mehlüberzug ist der Koeffizient der Ruhereibung groß genug, sodass er nicht überschritten wird, und die abwärts gerichtete Schwerkraft wird stets von der nach oben gerichteten Haftreibungskraft ausgeglichen.

Auf der atomaren Ebene wirken elektrische Kräfte zwischen Atomen und zwischen Molekülen. Auf diesem noch immer aktiv betriebenen Forschungsgebiet ist der Einfluss quantenmechanischer Effekte erheblich. Sogar Schallwellen sorgen auf diesem Gebiet, der so genannten Tribologie, für gute Stimmung …

9. Suppendosen

Drehen Sie die Suppendose um und öffnen Sie den Boden. Dann drehen Sie die Dose wieder um und beobachten Sie, wie das Konzentrat durch das Gewicht der flüssigeren Bestandteile hinausgedrückt wird. Dabei gehen wir davon aus, dass die nach oben wirkende Haftreibungskraft der Wand das Gewicht des Konzentrats ausgleicht. Das Gewicht der Flüssigkeit liefert somit die nach unten gerichtete Kraft, die die Flüssigkeit gemäß dem zweiten Newton'schen Axiom nach unten beschleunigt.

Verzögert sich dieser Entleerungsvorgang, könnten Sie die Bewegung vorantreiben, indem Sie etwas Luft in den Flüssigkeitsbereich hinter dem festen Konzentrat gelangen lassen. Manchmal ist die Dosenwand nämlich so luftdicht, dass sich ein erheblicher Druckunterschied im Inneren entwickeln kann, der die Entleerung verlangsamt. Außerdem können die Moleküle in der Suppe energischer als erwartet miteinander wechselwirken, und zwar über die elektrische Kraft zwischen dem Konzentrat und der Dosenwand (d.h., die Zähigkeitskraft, die Oberflächenspannung usw. können groß genug sein, um die Entleerung noch mehr zu erschweren).

10. Salz und Zucker

Salz und Zucker greifen Bakterien durch Osmose an, indem sie sie dehydrieren, sodass sie absterben oder deaktiviert werden. In sehr salzhaltigem Wasser hat eine Bakterie außerhalb ihrer Zellmembran ein salzigeres Milieu als innerhalb. Also bewegen sich Wassermoleküle aus ihrem Inneren durch die wasserdurchlässige Membran nach außen, um die Salzkonzentration auszugleichen. Diesen Prozess nennt man Osmose. Die Bakterie verschrumpelt und stirbt. Der gleiche Vorgang bewirkt, dass Zucker Früchte und Beeren konserviert. Beim Metzger kann man »gepökelten« Schinken und andere eingelegte Schweinefleischprodukte kaufen, deren Geschmack durch Salz und Zucker verbessert wird.

11. Die Auftauschale

Die »Wunder-Auftauschale« besteht einfach aus Aluminium. Man könnte genauso gut auch eine Aluminiumbratpfanne oder jede andere Schale aus Aluminium oder Kupfer nehmen, um das Gefriergut so rasch aufzutauen, solange das Metall keinen Überzug aufweist. Beschichtete Pfannen eignen sich also nicht dazu, da diese Beschichtungen schlechte Wärmeleiter sind. Metalle sind die besten Wärmeleiter, weil bei ihnen etwa 10^{23} Leitungselektronen pro Kubikzentimeter zur Verfügung stehen, um Wärmeenergie von der heißeren Quelle zu kühleren Bereichen zu übertragen. Beim Auftauen leitet die Metallschale sehr effizient Wärmeenergie aus der Raumluft in das Gefriergut.

12. Köstliches Speiseeis

Gutes Speiseeis enthält reichlich Luftbläschen und ganz kleine Eiskristalle, sodass es eine cremig glatte Struktur aufweist. Es gibt mehrere gute unaufwändige Methoden, Speiseeis und Sorbet zuzubereiten. Manche Eismaschinen sind elektrisch, andere basieren auf menschlicher Muskelkraft – hier muss das Eis mit einem großen Spachtel ständig umgerührt werden. Es gibt aber noch eine ungewöhnliche Methode. Mit genügend flüssigem Stickstoff (bei - 196 °C) gefriert ein etwa gleich großes Volumen der Eismischung so schnell, dass sich nur sehr kleine Kristalle bilden können. Während der Stickstoff heftig brodelt, entstehen jede Menge winzige Gasbläschen. Das Ergebnis ist eine köstliche Leckerei.

13. Das Garen eines Bratens

Der Braten mit dem Knochen wird schneller gar, weil der Knochen zwar porös ist, aber dennoch die Wärmeenergie rascher als das Fleisch selbst nach innen leitet – er gart also in beiden Richtungen: von außen nach innen und von innen nach außen. Es tritt ein geringfügiger Beschleunigungseffekt auf, nämlich aufgrund des Unterschieds in der spezifischen Wärme von Knochen und Fleisch, und es wird etwas weniger Fleisch geben, wenn beide Braten gleich viel wiegen, aber im vereinfachten Idealfall können wir diese Unterschiede ignorieren. Man könnte die Temperaturverteilung in verschiedenen Teilen von Fleisch und Knochen in den beiden Fällen mit Hilfe eines Computermodells mit den entsprechenden physikalischen Gleichungen ermitteln und nachweisen, dass in beiden Bratenstücken manche Fleischteile stärker gegart werden als andere.

Jedes Physiklehrbuch, das sich mit den Themen Wärmeleitfähigkeit und spezifische Wärme befasst, enthält die zur Analyse dieses Problems relevanten Informationen, aber das konkrete Temperaturprofil als Funktion der Gesamtverarbeitungszeit ist ohne gewisse Idealisierungen im Hinblick auf die Form, die Gleichförmigkeit und andere Dinge schwer zu erstellen. So ignoriert der oben betrachtete Idealfall die Veränderung der Knocheneigenschaften im Zusammenhang mit der Temperaturänderung, wie etwa die spezifische Wärme des Knochens und seine Wärmeleitfähigkeit. Irgendwie kommt die Natur auch ohne spezielle Computermodelle dahinter, wie all diese Dinge funktionieren ...

14. Kochen wie die Chinesen

Es gibt mindestens zwei gute Gründe, Fleisch in kleine Volumina zu zerschneiden: 1. Marinaden und Gewürze dringen gründlicher und in kürzerer Zeit ins Fleisch ein, weil die Elemente des inneren Volumens näher an der Oberfläche liegen. 2. Kleinere Stücke garen schneller und benötigen daher weniger Brennstoffenergie. Das schnellere Garen erfolgt, weil (a) die Innenseite des kleinen Würfels der Wärmequelle näher als bei einem dickeren Stück ist und (b) das Fleisch beim Pfannenrühren hin und her purzelt und somit verschiedene kleine Oberflächen der höheren Temperatur ausgesetzt sind. Die auf das Fleisch einwirkende Temperatur nimmt nämlich mit der Entfernung von der Wärmeenergiequelle – in diesem Fall dem Pfannenboden – ab.

Die Menge des Garens, die ein kleines Innenvolumen von Fleisch erfährt, ist proportional zur erfahrenen Temperatur und zur Dauer des Garens bei dieser Temperatur. Beide Größen ändern sich während des Garvorgangs. Außerdem ändern sich die Wärmeleitfähigkeit und die Wärmekapazität des Fleisches, weil sich das Material des Fleisches selbst verändert. Wenn zum Beispiel die Außenseite verkohlt, wird die Wärmeleitfähigkeit erheblich reduziert, sodass die Übertragung von Wärmeenergie im Vergleich zur vorherigen Geschwindigkeit abnimmt. Hamburger, die ja im Inneren gründlich gegart werden müssen, damit die Bakterien auf den Oberflächen des Hackfleischs abgetötet werden, dürfen daher nie an der Außenseite verkohlen, weil dann die Innenseite nicht oder nur teilweise gegart wird und somit der Genuss riskant ist.

Was sich beim chinesischen Kochen physikalisch abspielt, wird in jedem Schullehrbuch erklärt, aber die Anwendung aufs Kochen haben sich schon vor Jahrtausenden Köche ausgedacht, die ein bestimmtes Ergebnis mit minimalem Brennstoffverbrauch erzielen wollten. Natürlich ist auch der andere Extremfall denkbar, dass man nämlich ein ganzes Tier an einem Drehspieß oder in einer mit glühender Kohle ausgelegten Grube in der Erde langsam brät.

15. Gebratene Bohnen

Die heißen Bohnen haben Wasser aufgenommen und sind so angeschwollen, dass die Häute unter großer Spannung stehen. Bläst man kühle, schnell bewegte Luft aus gespitzten Lippen (statt aus dem offenen Mund) auf die Bohnen, wird ihre Oberflächentemperatur abgesenkt und der Umgebungsluftdruck verringert. Die Innenseite ist jedoch noch immer heiß, und der größere Druckunterschied führt dazu, dass der heiße Hochdruckdampf unter der Haut noch etwas mehr nach außen drückt. Ist der Druckgradient groß genug, wird die Haut platzen. Das leichte Abkühlen des Hautmaterials erhöht also die Hautspannung und reduziert die Zeit bis zum Platzen.

Was hier physikalisch vorgeht, lässt sich vereinfachen, indem wir das zweite Newton'sche Axiom senkrecht zur Hautoberfläche anwenden. Von Bedeutung sind dabei drei auf die Haut einwirkende Kräfte: 1. die nach innen gerichtete Kraft des Umgebungsluftdrucks, 2. die nach innen gerichtete Kraft der Spannung in der Haut und 3. die nach außen gerichtete Kraft, die vom heißen Hochdruckgas im Inneren erzeugt wird. Das Blasen der Luft reduziert den Umgebungsluftdruck genügend, sodass eine nach außen gerichtete resultierende Kraft erzeugt wird, und die Haut platzt dann, wenn die Hautspannung ihre Elastizitätsgrenze überschreitet. Während des Vorgangs des Platzens werden Bohnenhautmoleküle getrennt, weil die elektrische Kraft, die ein Molekül mit dem nächsten zusammenhält, überschritten wird.

16. Eiswasser

Das Eis an der Oberfläche kühlt das Wasser im Krug schneller ab. Wenn das Eis schmilzt, ist dieses kalte Wasser dichter als das umgebende Wasser und sinkt ab, wobei es das Wasser, das es passiert, abkühlt. Das wärmere, weniger dichte Wasser am Boden steigt nach oben in eine kühlere Region auf. Dieses Durchmischen trägt dazu bei, dass sich das Wasser schneller abkühlt, als wenn das Eis am Boden festgehalten würde, weil das vom Eis erzeugte kalte Wasser am Boden bliebe. Zwar würde die Wärmeleitfähigkeit im gesamten Wasser schließlich das Wasser darüber abkühlen, aber die Konvektionsströme besorgen das schneller. Natürlich würde sich das bisher Gesagte erledigen, wenn man das Eiswasser kräftig umrührt.

Nun könnte man sagen, dass die obigen Ausführungen unvollständig sind, weil wir bei unserer Idealisierung den Wärmeaustausch zwischen dem Eis und der Umgebungsluft ignoriert haben. Dieser Austausch kann bedeutsam sein, besonders an heißeren Tagen. Das Eis erfüllt seinen Zweck, wenn es Wärme mit dem Wasser, nicht mit der Luft austauscht! Das Eis im Wasser festzuhalten wäre dann ein effizienteres direktes Austauschverfahren, zumal wenn die Temperatur der Umgebungsluft groß genug ist.

Übrigens spielt sich bei diesem Abkühlungsvorgang genau das Gleiche ab wie beim Zufrieren eines Teiches im Winter. In diesem Fall jedoch wird verhindert, dass sich das Teichwasser weiter abkühlt und durch und durch gefriert, bis das ganze Wasser zunächst 4 °C erreicht. Dank dieser Verzögerung beim gänzlichen Gefrieren bleiben die Teichorganismen durch den Winter hindurch am Leben, wenn der Frühling früh genug kommt. Anders ausgedrückt: Kein

Leben würde die schlimmsten Eiszeiten auf der Erde überstehen, wenn Wasser seine maximale Dichte nicht bei etwa 4 °C erreichen würde!

17. Gemüse schälen

Wird eine Tomate vorsichtig über eine Flamme gehalten und gedreht, lässt ein Teil der von der Tomate aufgenommenen Wärmeenergie das Wasser dicht unter der Haut verdunsten, sodass sie lokal aufplatzt. Mit einem Schälmesser lässt sich die Haut dann leicht abziehen, nachdem sich die Tomate abgekühlt hat. Oft genügt es schon, bloß an der aufgeplatzten Haut zu ziehen. Statt einer Flamme kann man auch sehr heißes Wasser verwenden, aber die Effekte sind nicht so dramatisch, und das Abziehen ist etwas mühsamer.

Und was die Roten Beten betrifft: Das Kochen lässt ihre Temperatur ansteigen, sodass sie gegart werden, und gleichzeitig dringt eine kleine Menge heißes Wasser in sie ein, sodass sie ein wenig aufquellen. Gelangt kaltes Wasser auf die äußere Oberfläche der heißen Bete, schrumpft die Schale, aber das Innere bleibt heiß und aufgequollen. Darum platzt die sich dehnende Haut an mehreren Stellen und lässt sich leichter, und ohne hässliche Flecken zu hinterlassen, mit einem Schälmesser abziehen.

Das Verfahren ist das genaue Gegenteil dessen, was sich abspielt, wenn man einen Eiswürfel in heißes Wasser gibt. Nun versucht sich die Außenseite des Würfels auszudehnen, aber das Innere ist noch immer kalt. Dann hört man, wie der Eiswürfel unter den Wärmespannungen zerbricht.

18. Einen Zuckerwürfel anzünden

Sehr kleine Teilchen entzünden sich im Allgemeinen leichter. Das günstige Verhältnis zwischen Oberfläche und Volumen bei einer Ansammlung kleiner Teilchen unterstützt das Entzünden – es sorgt für eine große Verbrennungsfläche für die chemische Reaktion ihrer Oberflächenmoleküle mit Sauerstoff ebenso wie für eine nahe Wärmequelle, die die Flamme erhält. Reiben Sie daher die gegenüberliegende Ecke des Zuckerwürfels mit etwas Zigarettenasche oder kleinen Ascheteilchen von verbranntem Papier ein und zünden Sie dann diese Stelle mit dem brennenden Streichholz an. Jetzt entzündet sich der Zucker leicht. Sauerstoffmoleküle reagieren mit Molekülen in der Asche, um Wärmeenergie sowie Produktmoleküle, wie Wasser, zu erzeugen.

Immer wieder kommt es zu einem spontanen Entzünden von Staubteilchen in der Luft, etwa zu Explosionen in Getreidesilos, in denen das geerntete Korn gespeichert wird, sowie in Mühlen, die das Getreide zu kleineren Teilchen zermahlen. Eine kleine warme Stelle in der staubigen Luft, die vielleicht durch Sonnenlicht, ein Streichholz oder durch Reibung hervorgerufen wird, kann sich rapide zu einem gewaltigen Explosionsherd ausdehnen.

Nicht ganz so gewaltsam geht es zu, wenn man ein Lagerfeuer im Freien anzündet. Zunächst beginnt man mit Anzündholz, sehr kleinen Stöckchen und Holzspänen, die ein sehr großes Verhältnis zwischen Oberfläche und Volumen aufweisen. Die etwas größeren Stöcke können dann darauf gelegt werden, sobald sich die Flamme selbst nährt. Schließlich kann ein ganzes Reisigbündel aufs Feuer gelegt werden, um es lange am Brennen zu halten.

19. Siedendes Wasser

Der wesentliche thermische Effekt ist das Ansteigen des Siedepunkts (d. h. der Siedetemperatur) durch das Hinzufügen von Salz von 100°C (bei Standardbedingungen bei 1 Atmosphäre) auf etwa 104°C (falls das Salz reines NaCl ist). Das ist eine erhebliche Veränderung, die zu einer kleinen Verzögerung führt, bis das Sieden erneut einsetzt, falls weiterhin Wärmeenergie zugeführt wird.

Dagegen ist die tatsächliche Menge von Wärmeenergie, die benötigt wird, um die Temperatur des eingestreuten Salzes selbst anzuheben, vergleichsweise gering, weil die spezifische Wärme von NaCl viel niedriger als die von Wasser und die Gewichtsmenge des Wassers im Kessel im Vergleich zu der zugefügten Menge Salz riesig ist. Der tatsächliche Siedevorgang ist allerdings komplizierter als die einfache, ideale Version, die wir hier betrachten, denn in der realen Situation spielen auch Blasensieden, Übergangssieden usw. eine Rolle. Doch auch die vollständige Analyse ergibt das gleiche allgemeine Argument.

Man fragt sich natürlich, ob man andere Ergebnisse bei Meersalz erhielte, einer Mischung von KCl und NaCl sowie toter organischer Materie in größeren Korngrößen als bei normalem Tafelsalz. Die langsame Geschwindigkeit beim Auflösen der größeren Meersalzkörner zögert vielleicht das erneute Sieden länger hinaus als bei NaCl.

Die entsprechenden physikalischen Daten finden Sie in den meisten Chemie- und Physikhandbüchern sowie in einigen Lehrbüchern. Die für den oben erörterten Idealfall relevante Physik gehört zum traditionellen Physik- und Chemieunterricht, während die ausführlichere vollständige Analyse nur in der Fachliteratur steht.

20. Der Teekessel

Nein, Sie können keinen Wasserdampf sehen, das heißt, Wassermoleküle in ihrem gasförmigen Zustand. Wenn Sie sich die Öffnung der Tülle genau anschauen, erblicken Sie einen vielleicht gut zwei Zentimeter langen klaren Bereich. Dort befindet sich der Wasserdampf, bevor er zu Tröpfchen kondensiert, sodass Sie einen Nebel sehen können. Die Temperatur des Dampfes im klaren Bereich ist noch zu hoch, als dass sich Wassertröpfchen bilden könnten – das heißt, die Wassermoleküle kollidieren noch zu heftig miteinander, und das verhindert, dass sie sich zu Tröpfchen verbinden.

Im klaren Bereich an der Öffnung des Kessels bewegen sich die Wassermoleküle so rasch, und wenn sie miteinander kollidieren, kann sie die Van-der-Waals-Anziehungskraft – die auf der Wechselwirkung der induzierten elektrischen Dipolmomente beruht – über eine kurze Entfernung hinweg nicht zusammenhalten. Wenn sich der Wasserdampf in größerer Entfernung vom Ende der Tülle abkühlt, erzeugen eben diese Kollisionen Tröpfchen, deren Größe zunimmt.

21. Eis in der Mikrowelle

Ja! Die Wassermoleküle im flüssigen Zustand rotieren ein bisschen in den Mikrowellen und übertragen Energie an die sie umgebenden Moleküle, sodass diese wahllos herumzappeln. Die Wassermoleküle im Eis sind in Kristallen eingeschlossen und können daher nicht rotieren. (Anmerkung: Die tatsächlichen Details der Molekülbindung im Eis sind komplizierter – demnach ist zwar eine geringfügige Rotation möglich, aber sie reicht nicht aus, um das Eis in Wasser umzuwandeln.) Somit kann man mit Hilfe von Mikrowellen Wasser im Inneren eines Eisblocks zum Kochen bringen!

Dies ist eines der zahlreichen Beispiele für die selektive Energieabsorption, wie sie in der Natur vorkommen. Die grünen Blätter von Pflanzen etwa haben Chlorophyll-A- und Chlorophyll-B-Moleküle, die selektiv bläuliches und grünliches Licht für die Fotosynthese absorbieren. Auf der atomaren Ebene absorbieren Atomkerne sehr selektiv Gammastrahlen spezifischer Energien. Im Alltag wiederum wissen wir, dass Räume Schallenergie bei ausgewählten Resonanzfrequenzen absorbieren und verstärken können. Manche Materialien erfüllen sogar den genau entgegengesetzten Zweck, etwa Fensterglas, das keine selektive Absorption im sichtbaren Teil des elektromagnetischen Spektrums aufweist.

Die selektive Absorption von Wassermolekülen (sowie von einigen anderen Molekülen) in einem Mikrowellenmilieu unterscheidet sich ein wenig von diesen Beispielen. Bei den Resonanzfrequenzen des Wassermoleküls im Mikrowellenbereich des elektromagnetischen Spektrums ändert sich das angewandte Feld so rasch, dass nur ganz wenig Energie auf die benachbarten Moleküle übertragen wird.

Mikrowellenherde arbeiten tatsächlich mit einer Frequenz, die niedriger ist als die Frequenz, bei der die Absorption am größten ist. Das Essen muss durch und durch erhitzt werden, und indem man die angewandte Frequenz ein wenig verringert, dringen mehr Mikrowellen weiter nach innen ein, über die äußere Schicht hinaus.

22. Der glykämische Index

Die Geschwindigkeit der Umwandlung eines Molekültyps in einen anderen hängt mit einem chemischen Prozess zusammen, bei dem das Verhältnis zwischen Oberfläche und Volumen der Teilchen in der umzuwandelnden Nahrung ein wichtiger Faktor ist. Kleinere kugelförmige Teilchen weisen eine größere Differenz zwischen Oberfläche und Volumen als größere Teilchen auf. Und da die Reaktionen an der Oberfläche stattfinden, wandelt sich ein Material, das aus kugelförmigen Teilchen mit kleinerem Durchmesser besteht, schneller in Glukose um als das gleiche Material, das aus größeren Kugeln besteht – entsprechend der Formel für den Grenzfall einer Kugel: Verhältnis Oberfläche/Volumen $= 3/R$, wobei R der Radius der Kugel ist. Von der Umgebung ausgelöste physikalische und chemische Prozesse spielen sich zuerst an der Oberfläche des Teilchens ab. Außerdem müssen bei biologischen Systemen größere Teilchen erst zu kleineren reduziert werden, bevor sie Membranen passieren können. Somit wird eine Ansammlung kleiner Teilchen, deren Gesamtmasse gleich der eines großen Teilchens ist, schneller zur akzeptablen Größe reduziert werden als das große Teilchen, weil die gleiche Menge der chemischen Lösung auf eine viel größere Gesamtoberfläche wirkt.

Je kleiner die Teilchen der zu verdauenden Nahrung sind, desto schneller kann die Verdauung der Moleküle im Darm erfolgen, da das Verhältnis zwischen Oberfläche und Volumen größer ist, und desto eher werden sie ins Blut aufgenommen. Die höhere Temperatur, die zum Braten der Kartoffel erforderlich ist, macht ihre Teilchen kleiner als bei der gleichen Kartoffel, die bei 100 °C gekocht wird – somit ist der glykämische Index der Bratkartoffel größer, was sich in einer schnelleren Aufnahme ins Blut widerspiegelt.

Datteln enthalten etwas Maltose, einen Zucker, der noch schneller als Glukose in Blutzucker umgewandelt wird, und daher liegt der glykämische Index von Datteln über 100.

Tabellen zum glykämischen Index zahlreicher Lebensmittel finden Sie im Internet.

23. Elektrisches Gürkchen

Selbst wenn die elektrische Energie von einer Wechselstromquelle geliefert wird, leuchtet das Gürkchen vorwiegend an einem Ende in einem gelblichen Farbton, der je nach Einlegelake und Gurkentyp unterschiedlich ausfällt. Eine verlässliche Vorhersage, welches Ende leuchten wird, ist bislang nicht möglich. Da die Gurke keine Symmetrie in ihrer Form oder chemischen Zusammensetzung aufweist, ist ein Leuchten abwechselnd an beiden Enden wenig wahrscheinlich und auch noch nie gesehen worden. Man vermutet, dass das Gürkchen nun als elektrische Diode fungiert, durch die Strom nur in einer Richtung fließt!

Wissenschaftler haben ein Experiment durchgeführt, bei dem sie mit Hilfe eines Spektrometers mit einem Dioden-

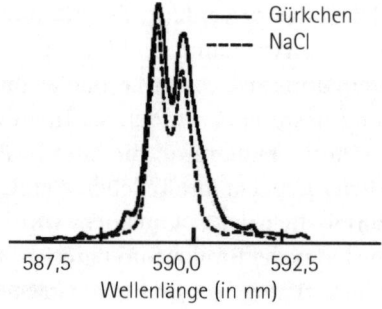

Gürkchen ─────
NaCl ─────

587,5 590,0 592,5
Wellenlänge (in nm)

matrixdetektor vom leuchtenden Gürkchen ein sichtbares Lichtspektrum erstellt haben. Eine faseroptische Sonde leitete das gelbliche Leuchten in den Spektrografen, und dann wurde von einer Natriumchlorid-Testflamme ein Eichspektrum aufgenommen. Die beiden Emissionsspektren sind nahezu identisch.

Dieses Emissionslinienpaar mit einer Wellenlänge von 589,00 Nanometer (nm) bzw. 589,59 Nanometer verweist auf ein charakteristisches Merkmal der Natriumemission, das so genannte Natrium-D-Linien-Dublett. Joseph von Fraunhofer beobachtete um 1817 diese Linien im Emissionsspektrum der Sonne. Heute wissen wir, dass diese Linien speziell auf einem Elektronenübergang von Natriumatomen in der Gasphase beruhen.

Das Gürkchen leitet Elektrizität, weil die Lake aus Essig (Essigsäure) und Natriumchloridsalz besteht. Natriumionen in der Lake binden Elektronen aus dem fließenden Strom. Diese Ionen werden elektrisch neutralisiert und bilden angeregte Natriumatome in zwei unterschiedlich angeregten Elektronenzuständen (daher das Emissionsdublett). Wegen der Wärme, der Funken und des allgemeinen Chaos um die im Gürkchen steckenden Elektroden befinden sich diese Natriumatome in der Gasphase. Sie emittieren gelbes Licht, während sie sich zum Grundzustand entspannen.

24. Kochen im Zeitalter der Raumfahrt

Im Unterschied zu elektrischen Kochplatten, die Wärmeenergie durch den elektrischen Widerstand der Heizspulen erzeugen, entsteht die Wärmeenergie bei Kochplatten mit magnetischer Induktion durch den magnetischen Widerstand des metallischen Kochgefäßes selbst. Der Wechselstrom mit seinen 50 Hertz, der in der Induktionsspule unter der Keramikoberfläche fließt, erzeugt ein Wechselmagnetfeld, das die Eisenatome – zum Beispiel in der Bratpfanne – abwechselnd in entgegengesetzte Richtungen magnetisiert, und zwar 100 Mal in der Sekunde. Das Eisen leistet Widerstand gegen die Richtungsänderungen der Magnetisierung, sodass viel Energie in Wärmeenergie im Metall der Pfanne übergeht. Das funktioniert nur bei Pfannen und Töpfen aus Eisen und Edelstahl, aber nicht bei Kochtöpfen aus Aluminium, Kupfer, Glas und Keramik. Die Vorteile dieser Kochmethode: Sie ist geräuschlos, und die Kochplatte erhitzt sich nur an der Stelle, wo die Pfanne in direktem Kontakt mit ihr ist.

Übrigens: Kochen mit Licht geschieht nicht per Laser! »Licht« ist hier im allgemeineren Sinn des Wortes zu verstehen, nämlich als infraroter *(IR)*, sichtbarer und ultravioletter *(UV)* Bereich des elektromagnetischen Spektrums. Bänke von 1500-Watt-Halogenlampen in den Ofenwänden geben etwa 70 Prozent *IR*, 10 Prozent sichtbares Licht und 20 Prozent simple Wärme ab. Das *IR*-Licht ist zwar keine Wärmeenergie, aber wenn *IR*-Licht von

Molekülen absorbiert wird, können ihre Zufallsbewegungen zunehmen. Wärmeenergie (»Hitze« im normalen Sprachgebrauch) ist die zufällige kinetische Energie von Molekülen und Atomen. Diese Frequenzen dringen nur etwa einen Zentimeter tief in Fleisch ein. Durch Wärmeleitfähigkeit wird ein Teil dieser Wärmeenergie weiter nach innen übertragen.

Diese Lichtöfen haben jedoch auch eine Mikrowellenquelle, damit auch das Innere des Fleisches gegart wird. Während also die Außenseite durch das Licht gebräunt wird, gart das Innere durch Mikrowellen. Der Vorteil dieser Öfen besteht darin, dass das Garen darin viel schneller geschieht als in herkömmlichen Öfen.

Weiß eigentlich jemand, wie spät es ist?

25. Sommer im Januar

Ja, auf der Nordhalbkugel ist im Januar Sommer ziemlich oft (in kosmischen Dimensionen verstanden), nämlich alle 25 800 Jahre. Genau wie die Achse eines Kreisels schwankt und dabei am oberen Ende eine Kreisbahn beschreibt, erfährt auch die Erdachse eine solche Präzession in Bezug auf die Sterne, die genau diese 25 800 Jahre dauert. Alle 12 900 Jahre verlagert sich der Nordpol somit von einem Extrem zum anderen, indem er im Januar zunächst zur Sonne hin gerichtet und schließlich von ihr abgewandt ist. Gegenwärtig und noch für einige Jährchen zeigt der Nordpol von der Sonne weg, wenn sich die Erde jedes Jahr um den 5. Januar auf ihrer Umlaufbahn in der Perihel-Position befindet. Im Laufe der nächsten 12 900 Jahre wird

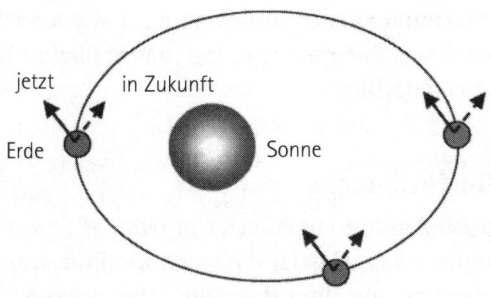

jetzt   in Zukunft

Erde   Sonne

der Nordpol präzessieren, um im Januar immer mehr Strahlungsenergie zu empfangen.

Wir müssen allerdings gar nicht so lange warten, weil auch die Ellipse der Erdumlaufbahn präzessiert – unser Sommer wird also »schon« in etwa 10 000 Jahren mit dem Perihel zusammenfallen!

26. Die zeitliche Nähe von Wintersonnenwende und Perihel

Die zeitliche Nähe der beiden Daten ergibt sich rein zufällig in dem Jahrhundert, in dem wir leben. Das Datum des Perihels ist nämlich nicht fixiert, sondern beweglich – es verschiebt sich alle 58 Jahre um etwa einen Tag. Die Zeit zwischen zwei aufeinanderfolgenden Durchgängen der Erde durch das Perihel (das anomalistische Jahr) ist nämlich etwa 25 Minuten länger als die Zeit zwischen zwei Durchgängen der Sonne durch den Frühlingspunkt (das mittlere tropische Jahr). Somit bewegt sich das Datum des Perihels durch das gesamte tropische Jahr in etwa 21 000 Jahren. Diese langsame Veränderung im Datum des Perihels kann sich langfristig auf das Erdklima auswirken. Derzeit sind die

Temperaturextreme auf der Nordhalbkugel etwas gemäßigt, aber das wird sich ändern, wenn sich das Perihel in Richtung Sommer verschiebt.

27. Die Geschwindigkeit der Erde

Da das Perihel Anfang Januar erreicht wird, gilt nach dem zweiten Kepler'schen Gesetz, dass sich die Erde während der Wintermonate auf ihrer Bahn am schnellsten bewegt. Mit Hilfe der Zeit, die die Erde von der Herbst- bis zur Frühjahrs-Tagundnachtgleiche benötigt (in Form eines Bruchteils des Jahres ausgedrückt: $T = 178{,}83/365{,}25$), lässt sich ein genauer Wert der Exzentrizität der Umlaufbahn der Erde berechnen, nämlich $\varepsilon = 0{,}5\,\pi\,(0{,}5 - T) = 0{,}01632$. Das weicht um etwa 2 Prozent vom präzisen Wert von $\varepsilon = 0{,}016713$ ab.

28. Die verschobene Tagundnachtgleiche

Zur Zeit der Tagundnachtgleiche ist der Tag in geographischen Breiten von bis zu etwa 25 Grad rund sieben Minuten, in Breiten um die 50 Grad etwa 10 Minuten oder noch länger als die Nacht.

Der Zeitpunkt der Tagundnachtgleiche wird erreicht, wenn der geometrische Mittelpunkt der Sonnenscheibe den Himmelsäquator überquert. Aber nach der Standarddefinition ist der Sonnenaufgang der Zeitpunkt, zu dem der obere Rand der Sonne gerade am Horizont durchbricht, und der Sonnenuntergang der Zeitpunkt, zu dem der obere Rand der Sonne gerade unter den Horizont verschwindet. Damit verlängern sich sowohl der Sonnenaufgang wie der Sonnenuntergang um jeweils einen halben Sonnendurchmesser (etwa 16 Bogenminuten), sodass das Tageslicht etwas mehr als zwei Minuten länger anhält.

Der andere Faktor ist die atmosphärische Strahlenbrechung, die bewirkt, dass die Strahlen um den Horizont herum gebeugt werden. Infolgedessen sehen wir die Sonne bei Sonnenaufgang wie bei Sonnenuntergang jeweils etwa 34 Bogenminuten höher, und damit verlängert sich die Zeit, in der die Sonne über dem Horizont ist, etwa um weitere vier Minuten.

Im Frühjahr werden die Tage länger, wenn wir uns dem 20. März nähern, und daher ist das Datum, an dem Tag und Nacht gleich lang sind, mehrere Tage vor der Frühjahrs-Tagundnachtgleiche – in Breiten um 40 Grad etwa am 17. März.

Umgekehrt dauert es im Herbst mehrere Tage länger, bis die Zeit, in der die Sonne über dem Horizont zu sehen ist, auf genau 12 Stunden schrumpft. In Breiten um 40 Grad fällt dieses Datum etwa auf den 26. September.

Im Internet finden Sie genaue Tabellen zu den Sonnen-auf- und -untergängen an jedem Ort der Erde, z. B. unter www.GeneralAviation.de.

29. Die dunklen Dezembertage

Zwei Effekte bestimmen zusammen die lokalen Zeiten von Sonnenaufgang und Sonnenuntergang. Der eine Effekt ist die so genannte Zeitgleichung, der andere die Deklination der Sonne.

Die Umlaufbahn der Erde um die Sonne ist leicht elliptisch. Infolgedessen ist die Geschwindigkeit der scheinbaren Bewegung der Sonne über den Himmel im Winter etwas schneller als im Sommer. Uhren hingegen laufen mit konstanter Geschwindigkeit, sodass es üblicherweise eine Diskrepanz – von bis zu 16 Minuten – zwischen der Uhrzeit und der von einer Sonnenuhr angezeigten Sonnenzeit gibt. Diese Diskrepanz bezeichnen wir als Zeitgleichung.

Nach der Deklination der Sonne, also ihrer Winkelentfernung über oder unter dem Himmelsäquator, richtet sich die maximale Höhe der Sonne am Himmel an einem bestimmten Tag. So entstehen unsere Jahreszeiten. Ende Dezember ist die tägliche Veränderung der Sonnendeklination ziemlich gering – zum Zeitpunkt der Dezembersonnenwende ist sie genau null. Daher wirkt sich Ende Dezember – genauer: etwa vom 8. Dezember bis zum 5. Januar in 40 Grad nördlicher Breite – die Zeitgleichung entscheidend auf die Veränderungen der Sonnenauf- und -untergangszeiten aus. Vor dem 8. Dezember jedoch dominiert der Effekt der Deklination – am 8. Dezember geht die Sonne zum frühesten Zeitpunkt unter. Dann macht die Zeitgleichung ihren Einfluss geltend, und während der zwei Wochen vor der Wintersonnenwende werden die Tage wegen des späteren Zeitpunkts des Sonnenaufgangs kürzer. Nach der Wintersonnenwende werden die Tage wieder länger – obwohl die Sonne bis zum 5. Januar immer später aufgeht.

30. Die Tage des Jahres

Während die Zeitspanne, in der die Erde an den gleichen Punkt ihrer Umlaufbahn zurückkehrt, 365,2422 Tage beträgt, dreht sie sich in dieser Zeit 366,2422 Mal um ihre eigene Achse. Man kann dieses Ergebnis experimentell demonstrieren, indem man zwei Münzen nimmt, eine auf einer Tischplatte festhält und die andere in Kontakt mit ihr um sie herumrollt. Somit gibt es 365,2422 Sonnentage, aber die Anzahl der siderischen Tage (d. h. in Bezug auf die Sterne) beträgt einen mehr bei einem Umlauf um die Sonne.

31. Schaltjahre

Alle vier Jahre gibt es ein Schaltjahr, und zwar in den Jahren, die sich durch vier teilen lassen – außer in den Jahren, die sich durch 100 teilen lassen. Wenn die mittlere Zeitspanne zwischen zwei Frühjahrs-Tagundnachtgleichen (das so genannte tropische Jahr) 365,2422 Tage dauert, dann müssten wir erwarten, dass es in 100 Jahren 36524,22 Tage gibt. Normalerweise aber gibt es in einem Jahrhundert 24 Schaltjahre, sodass 0,22 Tage übrig bleiben. Daher wird jedes 400. Jahr zu einem Schaltjahr erklärt, sodass sich ein zusätzlicher Tag ergibt. Das Jahr 2000 war das erste derartige Schaltjahr in einem durch 100 teilbaren Jahr, seit der moderne Kalender Ende des 17. Jahrhunderts allgemein eingeführt wurde. [Tatsache ist, dass in Italien und in den (meisten) katholischen Ländern die gregorianische Kalenderreform 1582 eingeführt wurde. Hier war bereits 1600 ein Schaltjahr. H. Sch.] Als die Briten im 18. Jahrhundert bereit waren, die gleiche Zeitrechnung wie das übrige Europa einzuführen, erforderte der alte julianische Kalender eine Korrektur um elf Tage! Der gregorianische Kalender wurde 1752 in Großbritannien eingeführt, und zwar am Mittwoch, dem 2. September – unmittelbar gefolgt von Donnerstag, dem 14. September.
Der berühmte Physiker Isaac Newton wurde nach dem julianischen Kalender am 1. Weihnachtsfeiertag 1642 ge-

boren, nach dem heute gebräuchlichen gregorianischen Kalender aber erst am 4. Januar 1643. Somit kam Newton also nicht im Todesjahr von Galilei, 1642, zur Welt!

32. Vollmonde

Nein, die Umlaufzeit des Mondes beträgt 27,554 siderische Tage, und die durchschnittliche Zeitspanne zwischen zwei Vollmonden betrug im 20. Jahrhundert 29,535 Tage. Der Unterschied zwischen diesen beiden Zeitspannen ist darauf zurückzuführen, dass die Erde sich in Bezug auf die Sterne bewegt, sodass der Mond auf seiner Erdumlaufbahn ein wenig weiter wandern muss, um seine Vollmondposition auf der Radiallinie zwischen Sonne und Erde zu erreichen.

33. Mondzeit

Cheryl sitzt an ihrem Schreibtisch um 12.20 Uhr mittags, nicht nachts. Die Sonne muss oben links stehen, weil der Mond aus dieser Richtung beleuchtet wird. Ein solcher Tagmond wird zwar nur selten zu sehen sein, weil der Himmel normalerweise zu hell ist, aber der Tagmond steht genauso oft und so lange am Himmel wie der Mond nachts.

Das Erscheinen des Mondes nachts wie tagsüber lässt sich am einfachsten mit Hilfe einer Lampe und zwei Kugeln demonstrieren, wobei die Lampe die Sonne, die eine Kugel die Erde und die andere den Mond darstellt. Fixieren Sie die Position der Lampe und der »Erde« und bewegen Sie den »Mond« um die Erde, um seine Beleuchtungsphasen zu beobachten. Stoppen Sie die Bewegung an mehreren

Punkten in der Umlaufbahn des »Mondes«, um festzustellen, wie er an bestimmten Orten auf der Erde tagsüber aussieht. Sie können die Szene auch mit einer Zeichnung darstellen.

34. Mondkalender

Die Anbauzeiten der modernen Landwirtschaft sind jedes Jahr annähernd gleich, wobei geringfügige Abweichungen sich nach den Launen des Wetters richten. Daher wird eine bestimmte Feldfrucht gewöhnlich rund 365 Tage nach dem Anbau im vorangegangenen Jahr angebaut, plus/minus etwa 10 Tage. Sommerweizen wird zum Beispiel in den nördlichen Präriestaaten der USA um den 15. April herum ausgesät.

Reis ist im Hinblick auf seine Umweltbedingungen ein andersartiger Organismus als Weizen. Wird Reis jedes Jahr etwa zur gleichen Zeit angebaut, kann es manchmal pro Jahr zwei gute Reisernten geben, aber in den meisten Jahren wird der Bauer nur eine gute Reisernte haben. Ursache dafür ist der nächtliche Vollmond, der sich auf die Wachstumszyklen der Reispflanze nachteilig auswirken kann.

Pflanzen die Reisbauern jedoch zum gleichen Datum nach dem Mondkalender statt nach dem Sonnenkalender an, bekommen sie oft jedes Jahr zwei gute Reisernten. Die jungen Reistriebe reagieren sehr empfindlich auf die nächtliche Lichtintensität während ihrer photoperiodischen Reaktionsphase, sodass das richtige Timing hinsichtlich der Mondhelligkeit entscheidend für eine gute Ernte ist. Weil sich der Mondkalender in Bezug auf den Sonnenkalender jedes Jahr verschiebt, führt der Sonnenkalender zu einem schlechten Timing beim Reisanbau.

Die photoperiodische Reaktionsphase liegt vor der Auslösung zur Rispenbildung (wenn sich die Samenteile entwickeln) und kann zwischen den einzelnen Sorten extrem schwanken, von Tagen bis zu Monaten. Der Photoperiodismus ist ein natürlicher Mechanismus, der auf der Fähigkeit der Pflanze beruht, Unterschiede im Verhältnis der Länge von Tag und Nacht präzise zu ermitteln. Dieser biologische Mechanismus ist ziemlich komplex und von mehreren Genen abhängig. Im Prinzip sollten manche Sorten nur zu bestimmten Zeiten im Jahr angebaut werden, damit das vorherrschende Verhältnis der Länge von Tag und Nacht die Rispenbildung auslöst, wenn dies gewünscht wird.

Viele Reissorten reagieren empfindlich auf helles Mondlicht, das ihre Wachstumsfolge unterbrechen kann. Inzwischen sind allerdings neue Sorten gezüchtet worden, und andere werden genetisch modifiziert, deren Lichtempfindlichkeit während der kritischen Photoperiodismuszeiten geringer ist, sodass sich das Mondlicht nur minimal auswirkt.

Die zeitliche Ausrichtung nach dem Mond ist nicht auf den Reisanbau beschränkt. Für Christen ist der Ostersonntag der erste Sonntag, der auf den ersten Vollmond nach der Frühjahrs-Tagundnachtgleiche folgt.

35. Die Sanduhr

Die Form des Stundenglases sorgt dafür, dass die Zeitskala auf dem Glas gleichförmig ist, wobei gleiche Abstände zwischen den Skaleneinteilungen gleichen Zeiträumen entsprechen. Würde sich das Stundenglas nicht verjüngen, dann würde die Sandsäule mit zunehmender Geschwindigkeit nach unten rieseln. Die richtige Form können wir mathematisch ermitteln. Die Geschwindigkeit v, mit der der Sand aus der Öffnung rieselt, wird annähernd durch die Torricelli'sche Ausflussformel angegeben: $v \sim \sqrt{(2gy)}$, wobei g die lokale Schwerkraftbeschleunigung und y die Höhe der Sandsäule im oberen Glasabschnitt ist. Wenn $A = \pi r^2$ die kreisförmige Querschnittfläche des oberen Glasabschnitts an der Oberseite der Sandsäule und v die Geschwindigkeit ist, mit der diese Oberseite absinkt, dann ist $Av = av$, wobei a die Fläche der Öffnung ist, weil der Sand annähernd inkompressibel ist. Durch Substitution erhalten wir $y \sim cr^4$, mit der Konstante $c = \pi^2 v^2/(2ga^2)$. Zeichnen wir die Kurve mit den Koordinaten y und r, ergibt sich die vertraute Stundenglasform.

Sanduhren ohne Zeitskaleneinteilungen wurden schon vor dem 14. Jahrhundert verwendet, um Reden bei Ratssitzungen und zu anderen Anlässen zeitlich zu begrenzen. War der Sand durchgelaufen, dann war auch die Zeit des Redners abgelaufen. Solche Sanduhren werden noch heute bei manchen Brettspielen und als Eieruhren verwendet. Sanduhren mit geeichten Markierungen waren nicht so beliebt und wurden schon früh durch mechanische Uhren ersetzt.

36. Die alte Uhr

Die alte Uhr wird vorgehen. Die Unruhe ist die Grundkomponente, die in jeder auf der Uhr angezeigten Minute »exakt« 300 Mal schwingt – das heißt, die Unruhe ändert in jeder Sekunde 10 Mal die Richtung! Das Trägheitsmoment der Unruhe hängt davon ab, wie viel Umgebungsluft während jeder Schwingung verdrängt wird. Die Energiequelle ist eine aufgezogene Feder, die im Prinzip von der

Luft kaum beeinflusst wird, weil ihr Zustand sich extrem langsam verändert.

Im Gebirge nehmen Viskosität und Dichte der Luft leicht ab, sodass die Unruhe schneller schwingen kann. Auf diese Drehbewegung ist das zweite Newton'sche Axiom anzuwenden. Von ihrem momentanen Innehalten bis zur Richtungsänderung muss die Unruhe bis auf ihre maximale Winkelgeschwindigkeit beschleunigen, dann wieder zum Ruhezustand zurückbeschleunigen usw. Das Nettodrehmoment τ ist gleich dem Trägheitsmoment I mal der Winkelbeschleunigung α – das heißt, $\tau = I\alpha$. Das Trägheitsmoment ergibt sich aus der Massenverteilung in Bezug zur Drehachse, und die mit der Unruhebewegung transportierte Luft vergrößert das Trägheitsmoment der Unruhe allein. Somit muss die Uhr neu geeicht werden, wenn sich der Besitzer an einem Ort befindet, dessen Höhenlage sich von der der Fabrik unterscheidet.

Wenn die Unruhe in einer größeren Höhenlage eine geringere Luftmasse verdrängt, ist beim gleichen Nettodrehmoment das Trägheitsmoment geringer und damit die Winkelbeschleunigung größer. Die Unruhe benötigt jeweils weniger Zeit, um die Spitzenwinkelgeschwindigkeit zu erreichen und um wieder in den Ruhezustand zu gelangen.

37. Eine Digitalstoppuhr ablesen

Bei einer Digitalstoppuhr, die die vergangene Zeit bis auf die Hundertstelsekunde genau anzeigt, hängt die minimale Ungenauigkeit von der Software- und/oder Hardwaremethode ab, mittels derer die letzte Ziffer angezeigt wird. Nehmen wir an, die Hundertstelbruchzahlen von 0,00 bis 0,49 werden als null Hundertstel und von 0,50 bis 0,99 als ein Hundertstel angezeigt. Ebenso werden die Bruchzahlen von 1,00 bis 1,49 als ein Hundertstel und von 1,50 bis 1,99 als zwei Hundertstel angezeigt. Erblickt man also eine 1 an der Hundertstelstelle, entspricht dies somit einem Spielraum von 0,50 bis 1,49, sodass die minimale Ungenauigkeit bei der Zeitanzeige ± 0,50 oder die Hälfte einer Hundertstelsekunde beträgt. Die angezeigte vergangene Zeit sollte beispielsweise mit 3,45 Sekunden ± 0,005 Sekunden angegeben werden – eine Verlegenheitslösung, denn die Anzeige geht ja nur bis zu einer Hundertstelsekunde, doch die Ungenauigkeit ist geringer. Daher hat man sich darauf verständigt, die vergangene Zeit mit 3,45 Sekunden ± 0,01 Sekunden anzugeben, sodass die Anzahl der Dezimalstellen für den Zeitwert und die Ungenauigkeit gleich ist – das heißt, bei der kleinsten Zeitintervallposition auf der Anzeige gibt es eine Ungenauigkeit von plus oder minus einer Ziffer.

38. Ewige Uhren?

Die Laseruhren und die Atomuhren müssen ein Vakuum innerhalb eines ziemlich kleinen Bereichs von Parametern aufrechterhalten, damit sie noch genau funktionieren. Temperatur und Druck müssen innerhalb einer gewissen Toleranz konstant bleiben, weil Temperatur- oder Druckschwankungen Ungenauigkeiten bewirken könnten. Selbst das Entgasen von Atomen und Molekülen aus den Behälterwänden kann bei manchen Konstruktionen zu ernsten Problemen führen. Natürlich wird es Verbesserungen geben, damit man robustere Zeitmesser und damit auch eine längere Lebensdauer erhält. Aber bei diesen ausgeklügelten Systemen wird es ständig Probleme bereiten, Vakuen, niedrige Temperaturen und so weiter über Jahrzehnte und Jahrhunderte hinweg aufrechtzuerhalten.

Ob es jemals eine 10000 Jahre (oder auch nur 1000 Jahre) funktionierende mechanische Uhr geben wird, ist doch eher zweifelhaft. Derzeit ist eine Gruppe von Ingenieuren und Futurologen dabei, eine solche Uhr zu entwickeln, die aus einem Stapel von sich drehenden Metallringen besteht, welche mit einem Torsionspendel verbunden sind. Diese Uhr wird regelmäßig aufgezogen werden müssen, vielleicht einmal im Jahr.

Spezielle Umweltbedingungen sind hier nicht erforderlich, auch wenn man wohl davon ausgehen kann, dass eine Standardatmosphäre mit einer begrenzten Verschmutzung angebracht sein dürfte. Aufgrund aller möglichen wissenschaftlichen Forschungsprojekte wissen wir jedenfalls, dass die Sauerstoffkonzentration in der Atmosphäre seit Jahrmillionen nahezu konstant bei 21 Prozent liegt, sodass sich die Rostgeschwindigkeit des exponierten Metalls vorhersagen lässt. Andererseits aber wissen wir nicht, was die Chemie in Zukunft bringen wird. Selbst eine lokale Umweltkatastrophe wie eine Übersäuerung der Luft aufgrund von Vulkanausbrüchen, eine chemische Explosion oder ein sorgloser Umgang mit der Uhr könnten ihre Lebensspanne dramatisch verkürzen.

39. Raumlicht

Bei einem Nanosekundenblitz lässt sich die Lichtpulslänge $d = 30$ cm anhand der Gleichung $d = ct$ berechnen, wobei c die Lichtgeschwindigkeit und t die Zeitspanne ist. Wenn der Fotodetektor das gesamte eintretende Licht summiert, zeigt er zunächst einen Anstieg aufgrund der Lichtstreuung von den nahen Wänden mit zunehmender Intensität bis zum Maximum an und dann einen Rückgang bis auf null, nachdem das Licht, das von den weiter entfernten Ecken reflektiert wird, empfangen wurde. Die detaillierte Intensitätskurve ließe sich mit einem Computer simulieren.

Aufgrund der speziellen Anordnung des Fotodetektors zeigt das Bild erst die sechs nächsten Lichtflecke – die Mittelpunkte jeder gleich weit entfernten Wandoberfläche –, die größer werden und dann Ringe von reflektiertem Licht bilden, schließlich viele Lichtbögen, bis die acht Ecken auftauchen und wieder verschwinden.

Wenn die Blitzlänge auf 1 Mikrosekunde ausgedehnt wird, ist der Lichtpuls 300 Meter lang. Zunächst wird der Detektor einen Anstieg verzeichnen, und die Lichtringe von den Wänden werden während eines ganz kleinen Bruchteils der gesamten Abbildung zu sehen sein, dann überflutet werden und schließlich wieder abnehmen und verschwinden.

Im Alltagsleben kennen wir keine Lichtpulse, die nur Millisekunden dauern oder noch kürzer sind. Aber auf manchen Forschungsgebieten sind sogar Nanosekundenpulse sehr lang. So verwendet man beispielsweise in der Chemie Lichtpulse, die nur 1 Femtosekunde (10^{-15} Sekunden) kurz oder noch kürzer sind, um Molekularvorgänge zu beobachten. Der derzeitige Rekord eines in Sekundenbruchteilen aufblitzenden Laserstroboskoplichtpulses liegt bei ein paar hundert Attosekunden. Eine Attosekunde ist eine Trillionstelsekunde – eine milliardstel Milliardstelsekunde!

40. Umstellung von Rechts- auf Linksverkehr

Ja, solange sich die erforderlichen Beschleunigungen und Verlangsamungen im Rahmen der normalen Fahrgeschwindigkeiten bewegen, dürfte es keine Probleme geben. Man könnte jede Fahrbahn mit konkreten Fahrversuchen überprüfen, oder man könnte sie per Video aus der Luft aufnehmen und das Video in umgekehrter Richtung abspielen, also im Prinzip die Zeit umkehren. Falls die Beschleunigungen des Autos in der Umkehrsequenz ungewöhnlich wirken, dann wird es beim Fahren Probleme geben.

Sogar die Natur kennt auf der einfachsten Ebene den Gegensatz von links und rechts, was auch um 1956 bestätigt wurde. Dieser Gegensatz hängt mit der schwachen Wechselwirkung zusammen, einer der vier fundamentalen Wechselwirkungen – die anderen drei sind die Gravitation, der Elektromagnetismus und die Farbe (auch die starke Wechselwirkung genannt). Bei letzteren drei sind die Wechselwirkungsstärken bei Teilchen mit Linksspin und bei Teilchen mit Rechtsspin gleich. Aber bei der schwachen Wechselwirkung lässt sich nachweisen, dass die Natur tatsächlich ein schwaches Wechselwirkungsverhalten bei Teilchen mit Rechtsspin ausschließt! Der Ursprung dieser Bevorzugung von Teilchen mit Linksspin wird von den Mathematikern im Standardmodell der Leptonen und Quarks beschrieben.

41. Die Lichtuhr

Ja und nein. Die Uhr wird weiterhin in beiden Referenzsystemen, d. h. im Laborsystem und im Ruhesystem der Uhr, genau gehen. Aber die Tickgeschwindigkeiten werden sich unterscheiden. In dem System, das sich mit der Uhr

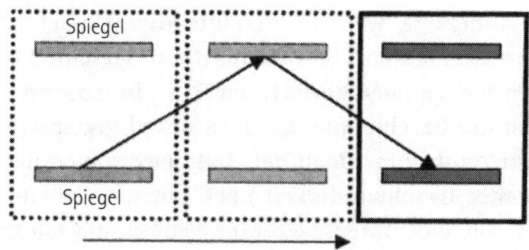

bewegt, folgen die Lichtblitze dem gleichen Weg wie zuvor – sie werden senkrecht von jedem Spiegel reflektiert und halten somit die gleiche Tickgeschwindigkeit ein.

Im Laborsystem wird das Licht zwar weiterhin von jedem Spiegel wiederholt reflektiert, aber während des Übergangs von einem Spiegel zum anderen wird die Wegstrecke länger, weil sie diagonal zum rechten Winkel verläuft. Wenn die Lichtgeschwindigkeit in beiden Referenzsystemen gleich groß ist, dann wird nun die Zeitspanne zwischen den Reflexionen (und damit das Uhrenticken) im Laborsystem länger als bei der Uhr im Ruhesystem sein. Somit tickt eine sich bewegende Uhr langsamer als eine identische Uhr im Ruhezustand. Und dieses Phänomen tritt bei allen Uhren auf, egal, wie sie beschaffen sind.

Komplizierter wird es, wenn die Lichtuhr parallel zu den Spiegeln *beschleunigt* wird. Denken Sie doch einmal über diesen Fall nach, wenn Sie genügend Zeit haben.

42. Zeitumkehr

Antwort b ist richtig: Das Objekt beschleunigt sich noch immer nach unten. Die umgekehrte Bewegung erfolgt zwar nach oben, aber das Objekt verlangsamt seine

Geschwindigkeit, weil die Beschleunigung nach unten gerichtet ist. Ein gutes Beispiel für dieses Verhalten ist der Flug eines nach oben geworfenen Balls. In jedem Augenblick ist die Beschleunigung nach unten gerichtet, zum Erdmittelpunkt hin. Doch der Ball bewegt sich mit abnehmender Geschwindigkeit nach oben, kehrt um und bewegt sich nach unten. Selbst im Wendepunkt erfolgt die Beschleunigung nach unten.

Ziemlich oft verwechseln Laien Geschwindigkeit und Beschleunigung. Sie sind zwei unterschiedliche Vektorgrößen, die zwar begrifflich voneinander getrennt werden sollten, die aber mathematisch miteinander zusammenhängen. Sie können entlang der Bewegungslinie die gleiche oder die entgegengesetzte Richtung haben. Das zweite Newton'sche Axiom beispielsweise setzt Kräfte und Beschleunigungen miteinander in Beziehung, sagt aber nichts über Geschwindigkeiten aus. Und wir wissen, dass Aristoteles sich irrte, als er behauptete, es sei eine Kraft erforderlich, um ein Objekt in Bewegung zu halten. In der realen Welt gilt genau das entgegengesetzte Gesetz, weil *keine* Nettokraft erforderlich ist, um ein Objekt in einer geraden Linie bei einer konstanten Geschwindigkeit in Bewegung zu halten.

43. Die Molekularuhr

Die Veränderungen in der DNA während der Evolution der Organismen verlaufen deshalb nicht mit einer gemeinsamen Geschwindigkeit, weil jede Veränderung in einer entscheidend wichtigen Proteincodierung nicht unbedingt einen lebensfähigen Organismus erzeugt, selbst wenn dies bei einer Veränderung in der nichtwesentlichen DNA der

Fall sein könnte – das heißt, Veränderungen in der DNA, die sich nicht entscheidend auf die Biochemie auswirken, werden toleriert. In der DNA gibt es in der Tat riesige Bereiche, wo solche unwirksamen Veränderungen auftreten können, während in den anderen Bereichen, die für die Produktion wesentlicher Biomoleküle programmiert sind, jede Veränderung verheerende Auswirkungen hat.

Wenn wir vom Idealfall ausgehen, dass die Veränderungen im Prinzip an jeder beliebigen Stelle entlang irgendeiner DNA-Kette gleichermaßen wahrscheinlich wären, und wenn wir annehmen, dass der Organismus sich entwickeln und die nächste Generation reproduzieren wird, dann könnten wir eine Molekularuhr haben. Doch wie wir wissen, sind nicht alle DNA-Sequenzen gleichwertig, genauso wenig wie alle Gene zu irgendeiner bestimmten Zeit gleichwertig sind. Insbesondere codieren manche DNA-Sequenzen Proteine, die den Ausdruck anderer DNA-Gene selbst steuern und sie zu entsprechenden Zeiten in der Zellentwicklung im Organismus an- und abschalten. Das Hox-Protein in Insekten beispielsweise legt die Struktur mehrerer verschiedener Körperteile fest, und geringfügige Veränderungen in seiner Aminosäuresequenz tragen entscheidend zur Evolution der Insekten bei. Somit müssen beide komplementäre DNA-Stränge an der entscheidenden Stelle nicht beeinflusst werden, damit offenkundige phänotypische Veränderungen auftreten.

Dennoch sind der ganze DNA-Mechanismus und die sich daraus ergebende Biochemie in der Zelle viel robuster, als man ursprünglich annahm. Die Tatsache, dass viele Aminosäuren mehrere DNA-Basencodetriplets von Nucleinsäuren zur Auswahl haben, stellt eine eingebaute Elastizität dar, die selbst dann einen lebensfähigen Organismus hervorbringen kann, wenn die DNA einen derartigen Fehler aufweist. Und wenn die fehlerhafte Aminosäure an einer Stelle substituiert wird, die nicht von entscheidender Bedeutung für die 3-D-Form und die Wirksamkeit des Proteins ist, gibt es eine zusätzliche eingebaute Elastizität. Finden wir uns also damit ab, dass die Natur viel schlauer ist, als wir selbst es je sein werden!

44. SAD

Ja, falls sie unter SAD leiden. Zunächst könnte man meinen, dass niemand, der am Äquator lebt, unter SAD leiden würde, da die Länge von Tag und Nacht von Januar bis Juni hier so geringfügig schwankt. Diese Überlegung wäre nur dann richtig, wenn alle Menschen bei Sonnenuntergang zu Bett gingen und bei Sonnenuntergang aufstünden. Das zunehmende Licht bei Sonnenaufgang würde den Start eines anderen zirkadianen Rhythmus auslösen, der biochemische Veränderungen in unserem Körper bewirkt.

Aber selbst Menschen, die am Äquator leben, richten sich nicht mehr nach dem Auf- und Untergang der Sonne. Es kommt zu Problemen in ihren zirkadianen Rhythmen, weil die helle künstliche Beleuchtung dazu führt, dass die Menschen lange nach Sonnenuntergang aufbleiben, sodass sich das Maximum in bestimmten biochemischen Zyklen über ihre von der Evolution festgelegte Tageszeit hinaus verschiebt. Insbesondere dringt das grünliche Licht von Fernsehgeräten und Radioweckern selbst während des Schlafs durch die geschlossenen Augenlider in die Augen ein und regt die Zirbeldrüse an, einige Verschiebungen des biochemischen zirkadianen Rhythmus auszulösen.

45. Zwei Metronome

Im Fall der periodischen Störung des einen Metronoms durch das andere kommt es dann zur Phasenkopplung, wenn die Störfrequenz hinreichend in der Nähe der ungestörten Frequenz des Metronoms liegt. Wird ein Metronom auf das Skateboard gestellt, bewirkt die Pendelbewegung, dass sich das Skateboard selbst leicht bewegt, und zwar meist in entgegengesetzter Richtung zur Pendelschwingung, da die Basis des Metronoms auf dem Skateboard aufgrund der Haftreibung an Ort und Stelle bleibt oder auch festgeschraubt werden könnte. Die Energie der Bewegung der Metronombasis wird zum Teil auf das Skateboard übertragen, und diese sehr geringe Energiemenge wird außerdem entlang dem Skateboard in mehreren Richtungen übertragen, wobei ein gewisser Teil davon das andere identische Metronom erreicht.

Während diese Energie zunächst an irgendeinem beliebigen Phasenpunkt in der Schwingung des zweiten Metronoms eintrifft, bewirkt diese regelmäßige Energieübertragung schließlich immer mehr, dass die Pendelschwingungen synchronisiert werden. Natürlich wirkt das zweite Metronom gleichzeitig auf die gleiche Weise auf das erste Metronom ein. Die Synchronisation ist normalerweise gleichphasig, aber unter speziellen Bedingungen kann es auch zur gegenphasigen Synchronisation kommen.

Das Verhalten lässt sich durch zwei Gleichungen für zwei harmonisch angetriebene Oszillatoren mit signifikanter Dämpfung darstellen. Wäre die Dämpfung nicht signifikant, hätten wir es mit zwei gekoppelten Pendeln zu tun, die ihr Schwingverhalten phasenverschoben ändern, und zwar von der maximalen Amplitude bis fast zur Amplitude null hin. Im konkreten Fall synchronisieren sich die Pendel einfach und gehen nahezu gleich.

Falls eines der Pendel von einer zeitlich zufällig wirkenden Kraft angetrieben wird, kann ihr schwankendes Verhalten bis hin zu einer identischen Reaktion konvergieren. Beide Pendel würden schließlich die gleichen Zufallsschwankungen aufweisen. Bei periodischen wie bei aperiodischen Antriebskräften ergibt sich eine asymptotische Stabilität bei richtig gedämpften linearen Oszillatoren. Das heißt, geringe Veränderungen in den Parametern des linearen Oszillators oder der Antriebskraft führen nur zu geringen Veränderungen im asymptotischen Verhalten. Die Bewegungsgleichung für jeden Oszillator entspricht mathematisch der Beschreibung einer linearen Feder in einem viskosen Medium mit einer fluktuierenden Antriebskraft.

Zur Phasenkopplung kommt es auch bei einer großen Vielfalt aperiodisch angetriebener nichtlinearer Oszillatoren in der Physik wie in der Biologie, von nichtlinearen Stromkreisen bis hin zu Nervensystemen. Wie bei den periodisch angetriebenen Systemen erwies sich auch die Synchronisation von nichtlinearen Oszillatoren, die nach dem Zufallsprinzip angetrieben werden, als strukturell stabil – also selbst in Gegenwart von geringem Rauschen wird eine annähernde Synchronisation erzielt.

46. Zeitliche Symmetrie

Nein, auf der fundamentalsten Ebene muss sich die Natur nicht an die zeitliche Symmetrie halten. Gleichungen weisen zuweilen mehr Symmetrie auf als das tatsächliche zugrunde liegende physikalische Verhalten. Auch wenn beispielsweise die Tensorgleichungen der allgemeinen Relativitätstheorie zeitlich symmetrisch sind, lassen sie sich doch von einer fundamentaleren mathematischen Einheit ableiten, einem so genannten Twistor. Twistorgleichungen der allgemeinen Relativitätstheorie sind nicht zeitlich symmetrisch. Wendet man die Tensorgleichungen zum Beispiel auf ein Schwarzes Loch an, sagen sie eine zeitliche Symmetrie voraus, die Twistorgleichungen hingegen nicht. Folglich können die Bildung eines Schwarzen Loches und die zeitlich umgekehrte Version nicht gleichzeitig ein reales physikalisches Verhalten darstellen.

Man könnte meinen, dass die von der Schrödinger-Gleichung* beschriebene Quantentheorie zeitlich asymmetrisch ist, da die Gleichung der ersten Ordnung in der Zeit angehört. Der Mathematiker Roger Penrose hat darauf hingewiesen, dass die Quantentheorie und ihre Gleichungen tatsächlich zeitlich asymmetrisch sind. Mit Hilfe der Wellenfunktion lässt sich die Wahrscheinlichkeit eines *zukünftigen* Zustands auf der Grundlage eines bekannten *vergangenen* Zustands berechnen, aber nicht umgekehrt – das heißt, die Wahrscheinlichkeit eines vergangenen Zustands lässt sich nicht auf der Grundlage eines zukünftigen Zustands berechnen. Die Vergangenheit kann man nicht »nachhersagen«!

* **Schrödinger-Gleichung** Die fundamentale Wellengleichung der Quantenmechanik. Ihre Lösungen beschreiben das zeitliche Verhalten eines physikalischen Systems unter dem Einfluss von Kräften. Die Quantisierung der physikalischen Größen ist automatisch Bestandteil der Lösungen.

Der Grabstein des Archimedes

47. Die Spinne und die Fliege

Um den kürzesten Weg zwischen zwei beliebigen Punkten auf einem Würfel zu finden, die sich nicht auf der gleichen Fläche befinden, bedient man sich einer sehr bequemen Methode: Man entfaltet die sechs Würfelflächen auf eine Ebene und zieht dann eine gerade Linie zwischen den beiden Punkten. Natürlich müssen alle Teile des Wegs auf den Flächen liegen, und die Flächen, die eine gemeinsame Kante haben, müssen ihre relativen Positionen und Ausrichtungen beibehalten.

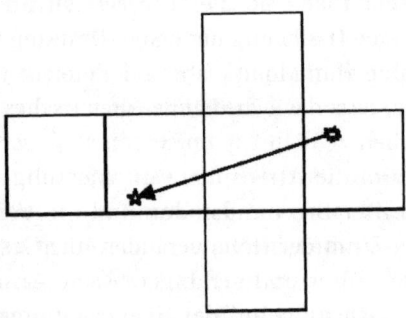

48. Die Entfernung zum Mond

Der Laserlichtimpuls, der von der Erde zum Mond und wieder zurück wandert, durchdringt die Erdatmosphäre zwei Mal. Der Puls hat eine zunächst bekannte Anstiegs- und Abfallzeit, aber diese Zeiten verlängern sich durch das Passieren des Luftmediums. Wir gehen von einer idealen Reflexion am Winkelreflektor auf dem Mond aus – das heißt, es wird kein Puls im Winkel oder in der Zeit gestreut.

Gehen wir zunächst vom Idealfall aus. Wir nehmen an, dass die Laserquelle und der Winkelreflektor auf dem Mond einander gegenüberstehen auf der Linie, die die Mittelpunkte von Erde und Mond verbindet, und dass sich die Erdatmosphäre nicht auf die Durchgangszeit auswirkt. Die Hauptfehlerquelle liegt in der beschränkten Fähigkeit des Systems, den Wendepunkt in der Anstiegsflanke des abgehenden und des reflektierten Impulses zu bestimmen. Wenn das System diesen Punkt bis auf eine Picosekunde genau ermitteln kann, dann entspricht eine Durchgangszeit von 2,56 Sekunden für die $3,84 \times 10^8$ Meter lange Strecke einer Messungenauigkeit von weniger als einer Hundertstelmilliarde – bei dieser Strecke sind das weniger als 4 Millimeter. Das heißt, mit dem Lasersystem kann man die Entfernung zum Mond fast mit der gleichen absoluten Genauigkeit messen wie die Länge eines Tisches mit einem Meterstab!

Natürlich wird die Atmosphäre die Messung ein wenig vermasseln. Der Brechungsindex und die Veränderung dieses Indexes mit der Höhe verändern die Geschwindigkeit des Lichtpulses und verlängern seine Anstiegs- und Abfallzeit. Ausgeklügelte Signalverarbeitungstechniken können diese atmosphärischen Auswirkungen größtenteils eliminieren. Somit wird die Messungenauigkeit letztlich von der Elektronik abhängen, die den Laserimpuls erzeugt und das Eintreffen der Vorderflanke des Impulses erfasst.

49. Der ideale Billardtisch

Bei diesem idealen Billardtisch, bei dem Einfall- und Ausfallwinkel an der Bande gleich sind, stellt man sich einfach aneinandergereihte Kopien des Tischs in einem Raster vor. Man platziert also die Kugel auf entsprechend aneinandergereihten Tischen; dann zieht man die gerade Linie zur Tasche, um die Kollisionspunkte auf den Banden zu ermitteln.

Normale Billard- und Pooltische haben auf der Umrandung entsprechende Markierungen, die präzise Bandenstöße erleichtern. Um mit diesen Markierungen zu arbeiten, ist eine gewisse Übung erforderlich. Diese realen Tische mit ihren Markierungen unterscheiden sich allerdings sehr von dem oben verwendeten idealen Tisch. Außerdem kann der rollende Ball vor der Kollision mit der Bande einen zusätzlichen Drall – »Effet« – um eine Achse haben, die weder parallel zum Tisch noch senkrecht zur Laufrichtung ist. Der Profispieler macht sich all diese Größen bei seinem Stoß zu Nutze, aber wir Amateure genießen einfach die Ergebnisse, die wir eher den vielen möglichen Verbesserungen unseres Spiels verdanken.

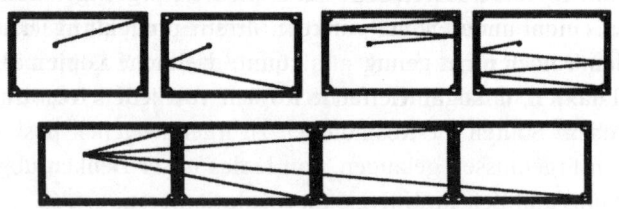

50. Tapetengeometrie

Wenn Sie im Inneren eines Würfels stehen, erblicken Sie rechts von sich die linke Seite Ihrer Person im Würfel rechts von Ihnen. Vor sich sehen Sie Ihren Rücken. Über sich erblicken Sie Ihre Schuhsohlen. Sie sehen also eine 3-D-Anordnung von sich aus vielen verschiedenen Perspektiven, in vielen unterschiedlichen Entfernungen, in vielen scheinbaren Größen und in vielen unterschiedlichen Bildintensitäten. Diese Ansicht hat nichts mit der in einem Würfel zu tun, dessen Seiten alle mit reflektierenden Spiegeln verkleidet sind, weil hier kein Bild seitenverkehrt ist.

Die Kosmologen versuchen herauszufinden, ob unser 3-D-Raum mathematisch und physikalisch diskret ist – das heißt, in große Würfel oder regelmäßige Dodekaeder unterteilt ist, die jeweils vielleicht 10 Milliarden Lichtjahre groß oder noch größer sind. In diesem Fall würde man zum Beispiel in einer Richtung eine Galaxie erblicken – und in der entgegengesetzten Richtung die gleiche Galaxie. Natürlich gäbe es hier mehrere Probleme. So wäre etwa die Entfernung in der einen Richtung größer als in der anderen, was zur Folge hätte, dass die Galaxie nicht bloß von der anderen Seite her erblickt wird, sondern auch zu einem anderen Zeitpunkt in ihrer Entwicklung. Und damit noch nicht genug – es könnte vielfache Kopien der Galaxien, ja sogar vielfache Kopien von jedem von uns geben! Sollten die Kosmologen zu irgendwelchen positiven Ergebnissen gelangen, würde das unser Denken über Raum und Zeit im Universum revolutionieren.

51. Raumfüllende Geometrie

Betrachten wir zunächst einen zweidimensionalen flachen Raum. Eine Parkettierung (oder zweidimensionale Honigwabe) ist das lückenlose Auslegen einer Ebene mit Polygonen, wobei jede Seite von jedem Polygon gleichzeitig nur zu einem anderen Polygon gehört. Eine regelmäßige Parkettierung ist nur mit regelmäßigen Polygonen möglich. Es gibt nur drei regelmäßige Parkettierungen der Ebene: mit gleichseitigen Dreiecken, mit Quadraten und mit regelmäßigen Sechsecken. Zusätzliche Parkettierungen sind mit zwei oder mehr konvexen Polygonformen möglich. Man kann die Ebene schließlich auch mit Penrose-Kacheln bedecken, Polygonenpaaren, bei denen mindestens ein Polygon nicht konvex ist.

Betrachten wir nun eine zusätzliche räumliche Dimension. Eine dreidimensionale Honigwabe besteht aus einem unendlichen Set von Polyedern, die zusammenpassen und den Raum genau einmal füllen, sodass jede Fläche eines Polyeders gleichzeitig nur zu einem anderen Polyeder gehört. Wenn wir zur Voraussetzung machen, dass alle Polyeder identisch sind, dann gibt es nur eine regelmäßige dreidimensionale Honigwabe, nämlich die, die mit Würfeln gefüllt ist, und zwar mit acht Würfeln um jede Ecke. Wenn wir zwei verschiedene regelmäßige Polyeder zulassen, kann man den Raum mit acht regelmäßigen Tetraedern und sechs regelmäßigen Oktaedern um jede Ecke füllen. Nach diesen und anderen Raumfüllungen richten sich viele natürliche Kristallsysteme.

Aufgrund der offenkundigen Einfachheit eines mit Würfeln gefüllten 3-D-Raums könnte man meinen, dass diese Art der Füllung in mathematischer Hinsicht die wahrscheinlichste wäre, wenn der reale Raum diskret statt kontinuierlich wäre. Mathematisch lässt sich jedoch beweisen, dass der wahrscheinlichste und interessanteste diskrete 3-D-Raum die nichteuklidische Füllung mit Dodekaedern ist, und davon gibt es zwei Arten, je nachdem, in welchem Drehwinkel ein Dodekaeder sich zum benachbarten Dodekaeder befindet.

52. Der Grabstein des Archimedes

Archimedes (287–212 v. Chr.), der vielleicht bedeutendste Mathematiker der Antike, hat als Erster das Volumenverhältnis der Kugel im Zylinder berechnet. Wenn eine Kugel und ein Kegel im Inneren des Zylinders dessen Ober- und Unterkante sowie die Seiten berühren, ermittelte Archimedes, dann stehen ihre Volumina im Verhältnis 1:2:3 zueinander!

Der römische General Marcellus berichtet, er habe Archimedes' Grabstätte mit diesem Grabstein gesucht und gefunden. Archimedes kam 212 v. Chr. während der Einnahme von Syrakus durch die Römer im Zweiten Punischen Krieg um, nachdem all seine Bemühungen gescheitert waren, die Römer mit seinen Kriegsmaschinen abzuwehren. Plutarch gibt drei Versionen der Geschichte seines Todes wieder, die ihm überliefert wurden:

1. »Archimedes war gerade dabei, eine mathematische Figur zu betrachten, und mit Augen und Sinnen ganz in die Aufgabe vertieft, bemerkte er gar nicht den Einbruch der Römer und die Eroberung der Stadt. Als da plötzlich ein Soldat zu ihm trat und ihm befahl, zu Marcellus mitzukommen, wollte er das nicht, bevor er die Aufgabe gelöst und zum Beweise geführt hätte. Da wurde der Soldat wütend, zog sein Schwert und schlug ihn tot.«

2. »Andere sagen, der Römer sei gleich mit gezücktem Schwert vor ihn getreten, um ihn zu töten, und Archimedes habe ihn, als er ihn sah, dringend gebeten, nur noch ein kleines Weilchen zu warten, damit das Problem, dem er auf der Spur sei, nicht ungelöst und unabgeschlossen bliebe; aber der Soldat habe sich darum nicht geschert, sondern ihn niedergehauen.«

3. »Noch eine dritte Variante gibt es: als er astronomische Instrumente, Sonnenuhren, Globen und Quadranten, mit denen man die Größe der Sonne im Verhältnis zu ihrem Erscheinungsbilde misst, habe zu Marcellus tragen wollen, seien ihm Soldaten begegnet, hätten geglaubt, er trage Gold in dem Kasten, und ihn getötet.«

Archimedes wurde in Syrakus begraben – hier wurde er geboren, hier wuchs er auf, hier arbeitete und hier starb er. In seinen Grabstein ist die Kreiszahl π eingemeißelt, seine berühmteste Entdeckung. Ferner sind darauf eine in einen Zylinder eingeschriebene Kugel sowie das Verhältnis 2:3 zwischen ihren Volumina abgebildet, also die Problemlösung, die er für seine größte Errungenschaft hielt.

Seine Beinamen lauteten: »der Weise«, »der Meister« und »der große Geometer«.

53. Hirnverknüpfungen

Ein Computermodell des Gehirns mit »nur« einer Million Neuronen stellt zwar noch immer unglaubliche Anforderungen an das Programmieren – aber es gäbe keinen Informationstransfer zwischen den Neuronen. Warum nicht? Weil irgendein Neuron in diesem Modell des menschlichen Gehirns im Durchschnitt nahezu null Inputs hätte. Und so lautet die Rechnung: Wenn 10^{11} Neuronen jeweils 1000 Verknüpfungen haben, dann haben 10^8 Neuronen im Durchschnitt eine Verknüpfung. Somit wird ein Modell mit 10^6 Neuronen als brauchbar verkleinertes Modell des echten Gehirns nicht funktionieren.

Natürlich könnte man einfach ein kleineres Volumen des Gehirns nehmen, das 1 Million Neuronen enthält, und die Verknüpfungen mit anderen Teilen ignorieren. Oder man könnte das obige unbrauchbare Computermodell künstlich modifizieren, indem man jedem Neuron ein paar Verknüpfungen zuweist. Dann wird sich herausstellen, ob das sich daraus ergebende Verhalten realistisch ist. Praktischer ist es, ein Modell eines kleinen Ausschnitts des Gehirns – vielleicht von zigtausend Neuronen und all ihren Verknüpfungen – konzentriert zu studieren und zu simulieren. Dann ließe sich mit einem Netz von Computern, die jeweils einen kleinen Ausschnitt repräsentieren, ein größerer Teil des Gehirns simulieren. Wenn es einmal Quantencomputer geben wird, werden sie hoffentlich in der Lage sein, das gesamte Gehirn zu simulieren. Gegenwärtig wissen wir freilich nicht, ob sich das Gehirn quantenmechanisch verhält und für seine Operationen eine Quantensuperposition benötigt.

Dann gibt es da noch das beachtliche Problem der Informationsspeicherung im Gehirn. Wo genau eigentlich werden diese Informationen gespeichert? Falls jedes Neuron nur ein Informationsbit speichert, dann ist das menschliche Gehirn um mehrere Faktoren von zehn zu klein! 1989 legte Roger Penrose dar, dass jedes Neuron in der Lage sein müsse, viele Informationsbits zu speichern, und damit widersprach er den damals geltenden Vorstellungen. Später fand man heraus, dass die zahlreichen Mikroröhrchen in jedem Neuron am Informationsspeicherspiel beteiligt sind. Noch immer ist jedoch offen, was jedes gespeicherte Informationsbit darstellt.

54. Konfigurationsraum

Es gibt viele Möglichkeiten, an das Problem heranzugehen, die Armposition im physikalischen 3-D-Raum zu beschreiben. Wir betrachten hier nur eine Methode. Bei allen Methoden muss das Ende der stabartigen Hand den Punkt berühren, sodass drei Zahlen den Endpunkt der Hand definieren.

Beginnen wir mit der fixierten Schulterposition. Zwei Zahlen beschreiben die Oberarmposition, nämlich der Winkel in der vertikalen Ebene, der von einer durch die Schulter verlaufenden fixierten vertikalen Achse aus gemessen wird, und ein Winkel um diese vertikale Achse. Zwei weitere Zahlen beschreiben die Unterarmposition, und zwar ein Winkel in der vertikalen Ebene, der von einer vertikalen Achse durch das Ende des Oberarms aus gemessen wird, und ein Winkel um diese vertikale Achse. Zwei weitere Winkel schließlich werden für die Hand benötigt.

Mindestens sechs Zahlen braucht der Roboter, um den bestimmten Punkt im Raum zu lokalisieren. Das Programm berechnet, wie weit sich der Arm bis zu diesem Punkt erstreckt, und dafür benötigt es drei weitere Zahlen, nämlich die Länge der drei Armteile. Der Operationsraum ist neundimensional und wird als 9-D-Konfigurationsraum bezeichnet, wobei man zwischen dem physikalischen Raum und dem Koordinatenraum unterscheidet. Natürlich könnte man zu diesem Ergebnis auch gelangen, wenn man erkennt, dass der Endpunkt jeder Stange jeweils durch drei Koordinatenwerte spezifiziert ist.

Die nächste Aufgabe besteht darin, die Bewegung zu bestimmen, die der Arm vollführen muss, um den Punkt zu berühren. Falls im Roboter ein Feedback existiert, etwa das optische Feedback zwischen der Handposition und der erwünschten Punktlokalisierung, dann kann der Bewegungsalgorithmus ein Korrekturverfahren anwenden, das immer feiner wird, wenn sich die Fingerspitze dem Punkt nähert, genau wie wir Menschen im Allgemeinen vorgehen. Gibt es keinen kontinuierlichen Feedbackmechanismus, dann muss der Algorithmus den Arm direkt zum Punkt bewegen, wobei er irgendwie weiß, wo sich die Fingerspitze zu jedem Zeitpunkt befindet. Falls kein Feedback existiert, kann sich ein Systemfehler nicht selbst korrigieren. Viele Roboterarme operieren in beiden Modi, und zwar zunächst für den raschen Einsatz ohne Feedback und dann für die Feinabstimmung mit Feedback.

Wir Menschen lernen, viele Aufgaben auszuführen, und verrichten viele davon mehrmals täglich. Dies hat zur Folge, dass wir oft vergessen, wie wir ein bestimmtes Verfahren erlernt haben und wie viel Übung dafür erforderlich war. Um diese Lernerfahrung nachzuvollziehen, versuchen Sie doch einmal, mit der »anderen Hand« Daten in einen Rechner einzugeben oder eine ähnliche Aufgabe zu verrichten. Die Lernkurve wird zuweilen sehr steil sein!

55. Die Gänsejagd

Falls der Bauer die Gans nur entlang der momentanen Sichtlinie zur Gans jagen darf, wird er sie nur dann fangen, wenn es zu einer frontalen Begegnung kommt. Die beste Strategie besteht für die Gans darin, in einer geraden Linie zu rennen, denn dann hat die Geschwindigkeit des Bauern schließlich die gleiche Richtung wie die Geschwindigkeit der Gans, und die relative Entfernung bleibt konstant. Ja, selbst wenn die Gans die Richtung oft ändert, kann der Bauer die Lücke nicht völlig schließen, denn je näher sie einander sind, desto mehr verlaufen die Geschwindigkeiten parallel!

In der Realität ohne diese Einschränkung könnte folgende Strategie funktionieren, wenn die Gans unerfahren ist: Der Bauer antizipiert die Position der Gans und trifft dort gleichzeitig mit der Gans ein. Doch die meisten Gänse »durchschauen« den Plan und schlagen unerwartet einen Haken.

56. Der gespenstische Kühlschrank

Ja. Genauso, wie man einen Punkt auf einem Blatt Papier mit einem Radiergummi entfernen kann, der aus der dritten räumlichen Dimension auf das Papier gebracht wird, könnte ein 4-D-Wesen in den Kühlschrank eindringen, ohne die Tür öffnen zu müssen, und Lebensmittel herausholen. Das heißt, 3-D-Objekte sind in Richtung der vierten Dimension offen.

Gedanklich kann man sich ein 4-D-Objekt in unserer 3-D-Welt nur schwer vorstellen. Mathematiker haben vorgeschlagen, die vierte Koordinatenrichtung durch einen farbigen Schweif darzustellen, etwa mit der Farbfolge im sichtbaren Spektrum von Rot bis Indigo. Nehmen wir irgendein 3-D-Objekt – zum Beispiel eine Kugel. Während sich die Kugel in der vierten Koordinatenrichtung bewegt, ändert sich ihr Farbschweif von Rot zu Orange zu Gelb usw. Bei einem zweidimensionalen Blatt Papier, das sich in der vierten Dimension bewegt, würde sich ebenfalls sein Farbschweif verändern, um seinen jeweiligen vierten Koordinatenwert anzuzeigen. Die eigentliche Farbe des Objekts verändert sich natürlich nicht.

Beschreibungen von 4-D-Objekten, die sich mit unserer 3-D-Welt schneiden, sind ziemlich faszinierend. Eine 4-D-Kugel, die sich mit unserer 3-D-Welt schneidet, würde zunächst als Punkt erscheinen, dann als zunehmende 3-D-Kugel, dann als abnehmende 3-D-Kugel, dann als Punkt, bis sie wieder verschwindet! Das Analogon in weniger Dimensionen wäre eine 3-D-Kugel, die ein zweidimensionales Blatt Papier schneidet. Sie erschiene zunächst als Punkt, dann als ein sich weitender Kreis, der sich wieder verengt, erneut zum Punkt wird und schließlich verschwindet.

Die meisten Menschen nehmen zwar an, dass sich höhere Dimensionen als vier mathematisch noch schwieriger und komplizierter darstellen lassen, aber diese Annahme ist falsch. Die Mathematik wird bei fünf und mehr Dimensionen tatsächlich einfacher! Während ein 4-D-Raum viele geometrische Berechnungen erfordert, ist die Mathematik bei den höheren Dimensionen leichter zu verstehen.

57. Gibt es Bruchteildimensionen?

Ja. Nichtganzzahlige Dimensionen nennt man fraktale Dimensionen. Um solche fraktale Dimensionen zu verstehen, muss man zunächst Duplikationen bekannter Objekte betrachten. Ein Abschnitt einer Geraden lässt sich verdoppeln, sodass sich zwei Abschnitte einer Geraden ergeben. Ein Quadrat kann in jeder Richtung dupliziert werden, sodass sich vier Quadrate ergeben. Ein Würfel lässt sich in jeder seiner drei Richtungen duplizieren, sodass sich acht Würfel ergeben. Wir erhalten also in jedem Fall eine ganzzahlige Potenz der Zahl 2. Wenn wir eine Tabelle aufstellen, gelangen wir zu dem allgemeinen Fall von d beliebigen Dimensionen.

Figur	Dimension	Anzahl der Kopien
Abschnitt einer Geraden	1	$2 = 2^1$
Quadrat	2	$4 = 2^2$
Würfel	3	$8 = 2^3$
Verdoppelung einer Figur	D	$N = 2^d$

Nun können wir die Dimension eines interessanten, aber seltsamen geometrischen Objekts ermitteln, des Sierpinski-Dreiecks, das nach dem polnischen Mathematiker benannt ist, der es sich 1916 ausgedacht hat. In der Darstellung hier sind die Löcher grau gefärbt. Wenn man die Länge der Seiten verdoppelt, erhält man ein weiteres Sierpinski-Dreieck, das dem ersten gleicht. Wenn die Seitenlänge beim ersten Sierpinski-Dreieck zum Beispiel einen Zentimeter beträgt, dann beträgt sie beim verdoppelten Dreieck zwei Zentimeter. Wie viele Kopien des ursprünglichen Dreiecks erhalten Sie? Denken Sie daran, dass die grauen Dreiecke Löcher sind – sie dürfen also nicht mitgezählt werden.

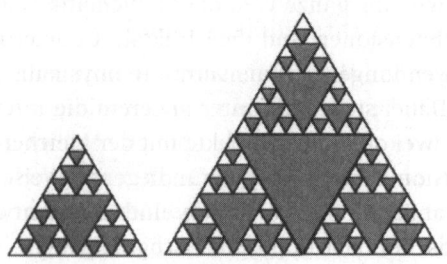

Wenn wir das Loch in der Mitte des doppelt so großen Sierpinski-Dreiecks ignorieren, stellen wir fest, dass die Verdopplung der Seiten des ursprünglichen Dreiecks drei Kopien ergibt, sodass $3 = 2^D$, wobei D die Dimension nach unserem Tabellenschema ist. Mit Hilfe eines Taschenrechners finden wir heraus, dass die Dimension $D = 1,585...$, also nichtganzzahlig ist!

Generell gilt, dass die Dimension der Figur gleich dem Verhältnis von zwei Logarithmen ist:

Dimension = Logarithmus der Anzahl der selbstgleichen Stücke/Logarithmus des Vergrößerungsfaktors

Vereinfacht ausgedrückt:

1. Eine Dimension zwischen 0 und 1 soll der Fähigkeit einer Reihe von Punkten entsprechen, teilweise eine Gerade auszufüllen, ohne dass sie es vollständig schaffen, weil sie nicht den ganzen Wert 1 haben, der dazu erforderlich ist.

2. Eine Dimension zwischen 1 und 2 soll der Fähigkeit einer Geraden entsprechen, teilweise eine Ebene auszufüllen, ohne dass sie es vollständig schafft, weil sie nicht den Wert 2 hat, der dazu erforderlich ist.

3. Eine Dimension zwischen 2 und 3 soll der Fähigkeit einer Oberfläche entsprechen, teilweise ein Volumen auszufüllen, ohne dass sie es vollständig schafft, weil sie nicht den Wert 3 hat, der dazu erforderlich ist.

So lernen wir eine ganze Welt der Mathematik kennen, die fraktale Dimensionen und eine fraktale Geometrie sowie deren Anwendungen auf die vertraute physikalische Welt aufweist. Dabei stellt sich unter anderem die interessante Frage, ob zwei oder mehr Objekte mit der gleichen fraktalen Dimension auf irgendeine grundlegende Weise miteinander zusammenhängen müssen, und zwar entweder in mathematischer oder in physikalischer Hinsicht.

58. Platonische Körper

Man muss den zweiten identischen regelmäßigen Tetraeder auf den Kopf stellen und um 30 Grad um die senkrechte Achse drehen, bevor man die beiden Tetraeder
mathematisch ineinander steckt, sodass sie einen regelmäßigen Körper mit sechs Spitzen bilden. Offensichtlich
entsprechen diese sechs Spitzen den Spitzen eines regelmäßigen Oktaeders, wenn man das neue Objekt in einen
solchen setzen würde. Die Seiten sind allerdings nicht
konvex und flach. Unser Bitetraeder hat hingegen doppelte Symmetrieachsen, auch wenn die beiden Tetraeder in
Bezug zueinander verdreht sind.

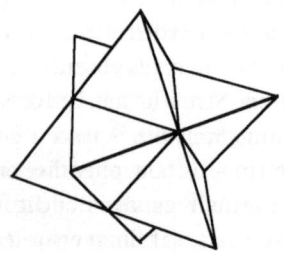

Wir hätten von Ihnen auch verlangen können, die zwei
regelmäßigen Tetraeder deckungsgleich so aufeinander-
zulegen, dass das kombinierte Objekt fünf Spitzen hat und
damit eine dreieckige Bipyramide darstellt. Jetzt gibt es
zwar drei doppelte Rotationssymmetrieachsen, die jeweils
durch eine Kante der aufeinanderliegenden Flächen verlaufen. Doch diese Bipyramide ist kein regelmäßiger Polyeder.
Wenn wir die Erörterung dieser Probleme auf vier räumliche Dimensionen ausweiten würden, gäbe es sechs regelmäßige konvexe Körper analog zu den fünf Platonischen

Körpern in drei Dimensionen. Die Anzahl der regelmäßigen konvexen Körper, der so genannten regelmäßigen Polytope, nimmt jedoch mit weiteren räumlichen Dimensionen nicht nur nicht zu, sondern alle Dimensionen über vier hinaus haben nur drei regelmäßige konvexe Körper.

Die Platonischen Körper sind in vielerlei Hinsicht etwas Besonderes, auf ihre vielleicht bedeutendste mathematische Eigenschaft hat jedoch der Mathematiker B. Kostant hingewiesen:

»Bei den alten Griechen, besonders bei der Schule von Platon, genossen die regelmäßigen Polygone in der Ebene und die regelmäßigen Körper im 3-D-Raum großes Ansehen. Letztere – Tetraeder, Würfel, Oktaeder, Dodekaeder und Ikosaeder – werden oft als Platonische Körper bezeichnet. Die Griechen glaubten, diese regelmäßigen Figuren seien in der Struktur des Universums von grundlegender Bedeutung. Falls die Symmetrie oder ihre mathematische Begleiterin – die Gruppentheorie – in der Struktur der Welt von grundlegender Bedeutung ist, dann soll in unserer Vorlesung darauf hingewiesen werden, dass die Griechen absolut Recht hatten. Damit wollen wir auf eine sehr profunde Weise zum Ausdruck bringen, dass die endlichen Symmetriegruppen im 3-D-Raum die einfachen Lie-Gruppen (und damit buchstäblich die Lie-Theorie) in allen Dimensionen ›erkennen‹.«

Franklin Potter hat dargelegt, dass die Grundbausteine der Materie, die Leptonen und Quarks des Standardmodells der Teilchenphysik, mathematisch durch die spezifischen Rotationssymmetrien beschrieben werden, und zwar die Leptonen durch die Symmetrien der dreidimensionalen Platonischen Körper und die Quarks durch die Symmetrien ihrer 4-D-Analogien. Die Hauptargumente lauten, dass die mathematischen Symmetriegruppen für diese regelmäßigen Körper Untergruppen der Symmetriegruppe des Standardmodells sind und dass die Massenverhältnisse der Leptonen und Quarks sich direkt auf die Verhältnisse 1:108:1728 der Invarianzen dieser Untergruppen beziehen lassen. Ob die natürliche Welt dieses grundlegende mathematische Verhalten nachahmt, muss jedoch erst durch Experimente in Teilchencollidern ermittelt werden.

59. Sich schneidende Kugeln

Zwei identische Drei-Sphären können sich in einem Punkt, einem Kreis, einer Kugel (Zwei-Sphäre) und in einer Drei-Sphäre schneiden. Nimmt man nun eine dritte identische Drei-Sphäre dazu, schneidet sie sich mit den ersten beiden in entsprechenden Kombinationen von Punkten, Kreisen, Kugeln und in einer Drei-Sphäre – in dieser dann, wenn alle drei zusammenfallen. Bei drei sich miteinander schneidenden identischen Drei-Sphären ergibt sich eine einzige Zwei-Sphäre nur dann, wenn die drei Drei-Sphären eine symmetrische Konfiguration bilden.

Falls die Leptonen und Quarks des Standardmodells der Teilchenphysik physikalische Manifestationen der endlichen Rotationssymmetrien der dreidimensionalen Platonischen Körper und ihrer 4-D-Analogien sind, wie F. Potter dies in einem Modell dargelegt hat, dann werden die Schnittstellen von Drei-Sphären in der theoretischen Physik eine wichtige Rolle spielen. Ein Quark würde dann in einem 4-D-Raum definiert werden, und sein mathematisches Verhalten hinge von den Eigenschaften der Drei-Sphären ab. Das Proton beispielsweise ist ein reales Teilchen, das sich aus drei Quarks in unserer 3-D-Welt zusammensetzt – das heißt, nach dem dargelegten Modell aus 4-D-Einheiten. Somit müssen sich drei Drei-Sphären (die die Quarks darstellen) schneiden, um eine Zwei-Sphäre zu bilden, die in unserem 3-D-Raum »lebt«.

60. Den Arm verdrehen

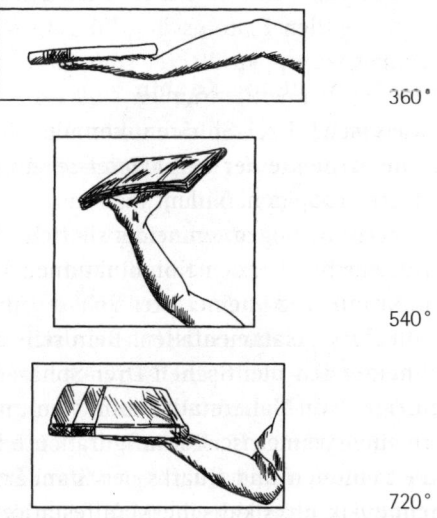

360°

540°

720°

Ja, wenn sie den Arm über dem Kopf bewegt. Diese zweite Rotation hebt die Verdrehung des Arms auf und bringt die Ausrichtung des Buchs wieder in die ursprüngliche Ausgangsposition zurück. Man kann sagen, dass zwei 360-Grad-Rotationen erforderlich sind, damit das Arm-Objekt-Paar wieder in die Ausgangsposition zurückkehrt. Eine solche Einheit, sagt man, entspricht mathematisch einem Spin-$1/2$-System, das heißt, sie hängt mit der kontinuierlichen Symmetriegruppe $SU(2)$ zusammen. Jede Lepton-

oder Quark-Wellenfunktion, etwa die Elektronen-Wellenfunktion, verhält sich auf diese Weise in Bezug auf Rotationen und Drehmoment.

Auch Kugeln, Würfel und andere Objekte mit räumlicher Symmetrie lassen sich als Spin-$1/2$ klassifizieren – das heißt, ihre Rotationen werden von Symmetriegruppen beschrieben, die Untergruppen von $SU(2)$ und $SU'(2) = SU(2) \times C_i$ sind, wobei C_i die Zwei-Elemente-Inversionsgruppe ist. Bei den Platonischen Körpern sind die Rotationssymmetriegruppen diskret statt kontinuierlich, und einige dieser Symmetriegruppen sind Untergruppen von $SU(2)$ wie von $SU'(2)$, weil sich unter allen Elementen von beiden die Elemente der endlichen Ordnung für die diskreten Untergruppen befinden.

Wie Sie wissen, begegnen wir im Alltag überwiegend Spin-1-Einheiten – das heißt Einheiten, die eine 360-Grad-Rotation benötigen, um zur Ausgangsposition zurückzukehren. Mathematisch lassen sich diese Spin-1-Eigenschaften aus den Spin-$1/2$-Symmetrieeigenschaften konstruieren. Für Mathematiker sind von noch grundlegenderer Bedeutung die Reflexionsgruppen, aus denen sich alle Spin-$1/2$-Eigenschaften als zwei Reflexionen in senkrecht zueinander stehenden Ebenen ableiten lassen.

61. Die sich drehende Tasse

Wenn Sie alles richtig machen, würden Sie in beiden Fällen den gleichen Ablauf beobachten. Die Tasse scheint sich mit sich verändernden Rotationsgeschwindigkeiten zu drehen, während die Zeit vergeht. Wir haben es hier mit einem Beispiel für die Galilei-Relativität der gleichförmigen Bewegung zu tun. Bei diesen vertrauten, im Vergleich zur Lichtgeschwindigkeit langsamen Geschwindigkeiten erweist sich das Verhalten der sich drehenden Tasse nicht als überraschend, ganz gleich, ob wir an der Tasse vorbeigehen oder die Tasse sich an unserem Standort vorbeibewegt.

In einem späteren Kapitel, in dem wir auf die spezielle Relativitätstheorie (SRT) eingehen, untersuchen wir ein Objekt, etwa einen Würfel, der sich an einem stationären Beobachter mit ungeheurer Geschwindigkeit vorbeibewegt, und hier könnten wir den entgegengesetzten Fall betrachten, also den Beobachter, der sich am stationären Objekt vorbeibewegt. Natürlich wird man in beiden Fällen das gleiche Verhalten wahrnehmen, genau wie die Symmetrie, die wir bei der Galilei-Relativität beobachten. Doch in der SRT erklärt ein Effekt, den man inzwischen Terrell-Effekt nennt, warum eine Tasse, die sich nahezu mit Lichtgeschwindigkeit nähert und vorbeibewegt, sich zusätzlich zu drehen scheint, da der Beobachter in der Lage ist, die Rückseite der Tasse wahrzunehmen, während sie sich nähert!

62. Raum und Zeit zusammen

Wenn man drei reale räumliche Koordinaten und eine imaginäre Zeitkoordinate für Berechnungen verwendet, dann funktioniert das richtig, wenn man die Quadrate der Raum-Zeit-Koordinaten und ihrer Summen und Differenzen berechnet. Die wichtige Beziehung ist das Raum-Zeit-Intervall τ, das definiert wird durch $\tau^2 = c^2 \Delta t^2 - \Delta x^2 - \Delta y^2 - \Delta z^2$, wobei die Δx die vier »Strecken« sind. Doch Physiklehrbücher, die mit einem Intervall τ arbeiten, das definiert ist durch $\tau^2 = +\Delta x^2 + \Delta y^2 + \Delta z^2 - c^2 \Delta t^2$, begehen einen mathematischen Fehler, wenn sie drei reale Raumkoordinaten und eine imaginäre Zeitkoordinate verwenden – das heißt, das Set *(x, y, z, ict)*, wobei *i* die imaginäre Einheit und *c* die Lichtgeschwindigkeit ist – statt umgekehrt. Zum Glück wirkt sich dieser fundamentale Fehler nicht auf die Berechnungen von Zeitintervallen und räumlichen Trennungen aus, weil sich diese Berechnungen auf die Differenzen von quadrierten Größen beziehen. Will man in der (3+1)-dimensionalen Raum-Zeit mathematisch korrekt vorgehen, muss man Quaternionen verwenden – Zahlen in Form von $q = a + bi + cj + dk$, wobei *i, j* und *k* gleich $\sqrt{-1}$ und *a, b, c* und *d* gewöhnliche reale Zahlen sind, weil sie die Zahlen in vier Dimensionen sind, die Rotationen, Translationen und Lorentz-Transformationen richtig behandeln. Heutzutage verwendet man überall in den Naturwissenschaften Quaternionen, um die Dynamik der Bewegung im dreidimensionalen Raum zu beschreiben. Spinoren sind die entsprechenden mathematischen Einheiten, die man in quantenmechanischen Wellengleichungen verwendet, um die Elektronen und andere Fermionen im (3+1)-D-Raum zu beschreiben.

Quaternionen wurden Mitte des 19. Jahrhunderts von W. R. Hamilton »entdeckt«, und das Quaternion *q* hat eine reale Komponente und drei imaginäre Komponenten. Während komplexe Zahlen aus Paaren realer Zahlen gebildet werden, werden Quaternionen aus Paaren komplexer Zahlen gebildet. Somit sollte man die Zeitkoordinate der realen Komponente und die drei Raumkoordinaten den drei imaginären Komponenten eines Quaternions zuweisen. Mathematisch gesprochen leben wir also in einer Quaternionen-Welt mit einem imaginären physikalischen 3-D-Raum und einer 1-D-Echtzeituhr!

63. Raum > 3-D?

Es gibt mehrere Argumente dafür, warum der Raum nicht größer als drei Dimensionen ist. Planetenumlaufbahnen sind nicht stabil, wenn $n > 3$, außer bei einer kreisförmigen Umlaufbahn bei $n = 4$, weil die Anziehungskraft wie die Zentripetalkraft nicht korrekt von der radialen Entfernung abhängen. 1917 wies P. Ehrenfest nach, dass man die Poisson'sche Gleichung für beliebige Dimensionen berücksichtigen muss, um die Stabilität einer Umlaufbahn zu ermitteln. Wenn die kreisförmige $n \geq 4$-Umlaufbahn eines Körpers um eine zentrale Masse leicht gestört wird, kann man beweisen, dass der Vergleich der zentralen Kraft mit der Zentripetalkraft der Umlaufbahn vom Perihelwert r_1 und vom Aphelwert r_2 abhängt, entsprechend der Formel $(n - 4)/[(2n - 4)r_1{}^2 < (n - 4)/[(2n - 4)r_2{}^2$, was bei $n = 4$ und größer nicht wahr sein kann. In einem 4-D-Raum würde ein Satellit, der von der Erde zur Sonne gestartet wird, entweder in die Unendlichkeit entschwinden oder spiralförmig in die Sonne stürzen.

Phantasiewelten auf dem Prüfstand

64. Schusswechsel

Man könnte durchaus auf die klassische Physik zurückgreifen, aber die Filmemacher übertreiben die Szene in typischer Hollywoodmanier. Physikalisch gesehen gilt hier die Erhaltung des linearen Impulses. Nehmen wir an, das Opfer der Schießerei befinde sich zunächst im Ruhezustand, sodass der Gesamtimpuls anfangs ganz in der Kugel (oder dem Schrot) mit der Masse m und der Geschwindigkeit v steckt, bevor sie das Opfer mit mv trifft. Nach dem Aufprall liegt der endgültige Gesamtimpuls in der rückwärts »fliegenden« Person und im Geschoss. Wenn das Opfer die Masse M und das kombinierte Objekt Opfer plus Kugel die Geschwindigkeit v hat, dann beträgt der endgültige Gesamtimpuls $(M + m)\,v$. Für alle Interaktionen gilt nach dem Gesetz der Erhaltung des linearen Impulses, dass der Endimpuls gleich dem Anfangsimpuls ist.

Im einfachsten Fall (wenn wir den Reibungswiderstand an den Füßen, die Impulsübertragung zur Erde hin und andere Faktoren ignorieren) ergibt die Anwendung dieses Gesetzes: $(M + m)\,v = mv$. Lösen wir diese Gleichung für die Geschwindigkeit v auf, die das Opfer nach dem Aufprall hat, ergibt sich $v = mv/(M + m)$. Wenn wir plausible Werte einsetzen, und zwar M = 80 kg, v = 400 m/s und m = 0,03 kg, dann erhalten wir eine maximale »Rückstoßgeschwindigkeit« v = 0,15 m/s. Die meisten Menschen erreichen etwa 2 m/s (rund 7 km/h), wenn sie zügig laufen. Daraus folgt: Jede Szene, in der jemand, auf den geschossen wird, durch den Aufprall der Kugel (oder der Schrotkörner) nach hinten fliegt, ist albern und gehört ins Reich der Phantasie!

Ein Physiker müsste eigentlich gar nicht die nach hinten gerichtete Geschwindigkeit berechnen und sich dabei ausdrücklich auf die Erhaltung des linearen Impulses berufen. Wenn man einfach das Verhalten und die Bewegung des Schützen, der die Waffe hält, vor und nach dem Schuss beobachtet, erfährt man annähernd, wie viel Impuls hier auftritt, indem man das dritte Newton'sche Axiom anwendet. Wenn der Schütze nämlich durch die Rückstoßkraft des Schusses nicht nach hinten geschleudert wird, dann wird das auch dem Opfer nicht passieren. Natürlich wird nun jemand einwenden, eine unwillkürliche Muskelkontraktion im geschockten Opfer bewirke, dass dieses nach hinten »fliege«. Nun, vielleicht fällt es nach hinten, aber keinesfalls »fliegt« es!

Da gibt es übrigens eine Geschichte über einen berühmten Physiker, der sich damals in den fünfziger Jahren des vorigen Jahrhunderts gern Revolverduelle in Wildwestfilmen anschaute. Immer zog zwar der Schurke zuerst, stellte er fest, aber der Held gewann dennoch das Duell. Wie kam es dazu? Der Physiker vertrat die Hypothese, dass die Psychologie dabei eine wichtige Rolle spielte – der Mann, der die bewusste Entscheidung treffen musste, als Erster zu ziehen, zögerte ein wenig. Der zweite Mann musste einfach bloß reagieren.

Auch heute noch ist die psychische Komponente bei der Entscheidung für eine physische Aktion ein wichtiger Faktor, besonders im Sport. Tennistrainer (ebenso wie Trainer in anderen Sportarten), die sich mit den psychologischen Aspekten des Spiels befassen, erklären, wenn man auf dem Platz zu viel denken statt einfach nur reagieren würde, wie man es beim Üben erlernt, dann bekomme man Probleme. Man lasse das Selbst Nr. 1 (den Geist) das Selbst Nr. 2 (den Körper) kontrollieren, und darunter leide das Tennisspiel. Nun fragen wir uns natürlich, ob sich das auch auf das Spiel der Physik übertragen lässt …

65. Körperpolster

Wir bezweifeln, dass die Landung auf einem anderen Körper nach so einem langen Fall sehr gedämpft wird! Der wichtige Parameter hier ist die Länge der Kollisionszeit Δt – das heißt, wie lange die Kollision des Körpers des

Filmhelden mit dem Objekt tatsächlich dauert. Je länger Δt, desto besser. Wir müssen auch die Beschleunigung a im Verhältnis zum Zeitprofil kennen. Anders formuliert: Welche maximale Beschleunigung erfährt der Körper des Filmhelden? Per definitionem ist die durchschnittliche $a = \Delta v / \Delta t$, wobei Δv die Geschwindigkeitsveränderung während des Zeitintervalls Δt ist. Je kürzer Δt, desto schmerzhafter der Aufprall.

Im Film sieht man oft, wie Stuntprofis von Gebäuden springen oder durch Fenster stürzen, aber dabei kollidieren sie mit großen Luftpolstern, wodurch die gesamte Kollisionszeit tatsächlich eine halbe Sekunde lang oder noch länger ist. Im Film sehen wir natürlich nicht die Kollision mit dem Polster, weil nach dem Schnitt gleich der auf dem Betonboden liegende Tote gezeigt wird.

Doch zurück zu unserem Helden, der auf dem anderen Körper landet. Hier ist die Kollisionszeit kürzer als eine Zehntelsekunde, und das sorgt für gefährliche Beschleunigungen. Wenn der Körper beispielsweise vom Dach eines zweistöckigen Gebäudes fällt, beträgt seine Geschwindigkeit kurz vor der Kollision annähernd 11 m/s. Die Beschleunigung während der Kollision ist dann größer als 110 m/s^2, und das ist sehr gefährlich. Selbst wenn die Knochen nicht gebrochen werden, während der Körper des Helden zum Stillstand gelangt, werden sich die inneren Organe so lange weiterbewegen, bis sie im Inneren des Körpers kollidieren. Und wenn der Held wieder nach oben zurückprallt, kann die Beschleunigung noch schlimmer sein, da die Veränderung im linearen Impuls fast den doppelten Wert ergibt, auch wenn die Kollisionsdauer vielleicht ein wenig länger ist. Autounfälle belegen zur Genüge, wie schwer innere Organe durch plötzliche Kollisionen bei sehr kurzen Kollisionszeiten geschädigt werden können. Wir bezweifeln, dass unser Held in der Lage sein wird, sich von seinem »Körperpolster« zu erheben. Er kann von Glück reden, wenn er überlebt!

66. Der freie Fall im Zeichentrickfilm

Wenn die Zeichentrickfigur über die Felsklippe tritt, sollte der Fall natürlich sofort beginnen. Der natürliche Weg ist im Prinzip eine Parabel, mit einer annähernd im freien Fall nach unten erfolgenden Beschleunigung und einer konstanten horizontalen Geschwindigkeit. Selbst eine Zeichentrickfigur muss eine gewisse Masse haben, denn sonst könnte sie ja überhaupt keine Kraft auf etwas ausüben, auch nicht auf den Boden, auf dem sie geht. Keine Zeichentrickfigur, die über die Felsklippe tritt, würde regungslos in der Höhe schwebend verharren – es sei denn, die nach oben gerichtete Auftriebskraft der Luft ist exakt so groß wie die nach unten gerichtete Schwerkraft. Und selbst wenn die Auftriebskraft ausreichen würde, warum sollte dann ihr nach oben gerichteter Druck plötzlich aufhören, damit die Figur frei fallen kann?

Eigentlich also müssten wir sehen, wie die Figur sich mit ständig zunehmender Geschwindigkeit nach unten beschleunigt, sofern nicht die Endgeschwindigkeit erreicht ist oder die Auftriebskraft das Gewicht ausgleicht. Auch den Aufprall am Fuß der Klippe gilt es zu analysieren. Um diese plötzliche Kollision zu verhindern, gelingt es zuweilen einer anderen Figur, gerade rechtzeitig von der Klippe nach unten zu rennen, um die fallende Figur aufzufangen. Und manchmal sehen wir sogar, wie eine andere Figur mit größerer Beschleunigung fällt, um zur rechten Zeit unten anzukommen und das unglückliche Opfer aufzufangen! Wenn der Fall annäherungsweise mit der Beschleunigung im freien Fall erfolgt, muss der andere ganz schön schnell rennen! Man hat zwar schon das Tempo von Skirennfahrern gemessen, die vom Fujiyama schneller als im freien Fall hinuntergefahren sind, aber bislang hat dies noch kein Läufer geschafft.

67. Durch die Wand gehen

Der Festkörperphysiker weiß eine Menge über die physikalischen Eigenschaften von Flüssigkeiten und Feststoffen, und darum würde er wahrscheinlich sagen: »Wow! Wie ist denn das passiert?« Die einzige realistische Möglichkeit besteht darin, dass der Wanddurchbruch ziemlich unsauber sein müsste und der Zeichentrickfilmer die Ränder wegen des dramatischen Effekts geglättet hat!

Wir können in etwa abschätzen, wie schwer das Loch mit dem Plätzchenausstecher zu erzielen wäre, wenn wir einen Ball betrachten, der an die Wand geworfen wird. Die Aufpralloberfläche nimmt im Laufe der Zeit rapide zu, während sowohl der Ball als auch die Wand während der Kollision ein wenig verformt werden. Die kinetische Anfangsenergie des Balles kurz vor der Kollision wird auf die Verformungen des Balles und der Wand verteilt. Die Wechselwirkungen zwischen den Molekülen des Wandmaterials verändern sich, wenn sich ein Teil der verfügbaren Energie der Kollision von der unmittelbaren Aufprallfläche ausbreitet. Wenn die Gesamtkollisionszeit extrem kurz ist, wird die Energieverteilung entfernungsmäßig ziemlich begrenzt sein, und ein Großteil der Energie steht für den Durchbruch zur Verfügung. Wenn die Kollisionszeit hingegen viel länger ist, wird ein Großteil der Wand sich nur geringfügig verformen, und ein Durchbruch kann nicht erfolgen.

Eine Kugel, die das Papier einer Übungszielscheibe durchschlägt, erzeugt ein ziemlich sauberes Loch, und zwar aus zwei Gründen: Erstens ist die Kontaktzeit extrem kurz, und zweitens weist die Kugel ein nahezu rundes Profil auf, sodass es eine Symmetrie um eine Achse senkrecht zum Loch gibt. Doch selbst dann erweist sich bei einer genauen Untersuchung des Einschusslochs, dass die Oberfläche unregelmäßig ist und dass es über das eigentliche runde Loch hinaus zusätzlich Risse gibt.

Wie vorteilhaft ein symmetrisches Objekt ist, können Sie selbst überprüfen. Versuchen Sie nun, mit den entsprechenden Vorsichtsmaßnahmen, irgendein unregelmäßig geformtes Profil rasch durch ein Blatt Papier zu stoßen. Das Fehlen einer zylindrischen Symmetrie senkrecht zur Oberfläche bereitet dem Material gewöhnlich enorme Probleme, weil ein wenig mehr Energie in verschiedene Richtungen abgeleitet wird. Darüber hinaus muss das Papier in unterschiedlichen Entfernungen um ein nichtkreisförmiges Profil eingerissen werden, sodass es Punkte geben kann, wo die übertragene Energiedichte signifikant höher oder geringer als in den benachbarten Papierbereichen ist. All diese Faktoren und noch etliche mehr verhindern einen ganz sauberen Schnitt durch das Material. Der Schnitt durch ein dickeres Blatt Papier oder gar der Durchbruch durch eine Wand, die ziemlich dick ist, wäre noch unsauberer.

Natürlich hat die Zeichentrickfigur noch mehrere andere Möglichkeiten, durch die Wand zu gelangen, wenn es die Zeit erlaubt: Sie kann zum Beispiel einfach einen Ausgang auf die Wand malen, durch den nur sie schlüpfen kann, oder ein Loch mit sich herumtragen, das dort angebracht wird, wo es benötigt wird!

68. Künstliche Schwerkraft

Raumstationen und Raumschiffe werden von Romanautoren und Drehbuchschreibern in allen möglichen Formen und Größen entworfen. In vielen Weltraumabenteuern taucht die Form einer rotierenden Hantel auf, wobei die Rotation für eine Pseudoschwerkraft für Erdbewohner sorgt. Die Rotation um das Massenzentrum senkrecht zur Längsachse erzeugt eine Beschleunigung, die radial nach außen wirkt und Zentrifugalbeschleunigung genannt wird – $a_c = v^2/r$, wobei v der Wert der Tangentialgeschwindigkeit und r die radiale Entfernung von der Rotationsachse ist. Die resultierende Zentrifugalkraft nennt man eine Pseudokraft, weil die tatsächliche Kraft radial nach innen zur Rotationsachse hin wirkt, um das Objekt aus seiner geradlinigen Anfangsbewegung heraus zu beschleunigen. Wir müssen davon ausgehen, dass die Raumstation strukturell intakt bleibt – das heißt, die Station wurde eigens für die Rotation und für die zulässigen Massenverteilungen an Bord konstruiert.

Wenn wir die Relation für die Winkelgeschwindigkeit $\omega = v/r$ verwenden, können wir die Zentrifugalkraft als $F_c = mr\omega^2$ ausdrücken. Das ganze Raumschiff hat die gleiche Winkelgeschwindigkeit um die Rotationsachse, sodass die radiale Beschleunigung eines Objekts linear mit der Entfernung r von der Rotationsachse zunimmt. Ein Astronaut, der sich an einem Ende der Hantel befindet, muss zum anderen Ende durch die Mitte, wo die radiale

Beschleunigung gleich null ist, klettern – das heißt, erst eine Leiter hinauf- und dann eine andere Leiter hinuntergehen. Die erforderliche Muskelbeanspruchung ändert sich während dieser Kletterei ständig – das muss ein tolles Gefühl sein ...

69. Kleine Flügel

Die kleinen Flügel an solchen Außerirdischen sind wahrscheinlich für einen 20 kg schweren Körper viel zu klein. Nun könnte man dagegen einwenden, die Schwerkraft an der Oberfläche des Planeten sei viel geringer als hier auf der Erde, sodass auch das Gewicht der Außerirdischen viel kleiner sei. Das mag schon sein, und diese Behauptung ist nicht so abwegig. Dennoch bedarf es einer ausreichenden Luftdichte, damit die Flügel ihre Arbeit verrichten können, und außerdem benötigt unser Erdling auf dem fremden Planeten eine Atmosphäre, in der er atmen kann. (Schließlich steht der Mensch in diesem Fall einfach da und atmet ohne irgendein Sauerstoffgerät.)

Wir müssen also die erforderliche Dichte der Atmosphäre dieses fremden Planeten bestimmen, wobei wir davon ausgehen, dass unser menschlicher Besucher angemessen mit Sauerstoffmolekülen zum Atmen versorgt wird. Die Erdatmosphäre hat auf Meereshöhe eine Gesamtdichte von etwa 1,4 kg/m³ – das heißt, ein Kubikmeter Luft wiegt 1,4 Kilogramm – und besteht etwa zu 20 Prozent aus Sauerstoff-Molekülen. Die restlichen rund 80 Prozent sind Stickstoff (N_2), der ein Molekulargewicht von 28 hat, während O_2 ein Molekulargewicht von 32 hat. Der Einfachheit halber nehmen wir an, dass sie das gleiche Molekulargewicht haben, und somit muss die Atmosphäre auf dem fremden Planeten etwa 0,3 kg/m^3 Sauerstoff zum Atmen enthalten.

Von der Schwerkraftbeschleunigung g' an der Oberfläche des Planeten hängt die Luftdichte an der Oberfläche bei einer bestimmten molekularen Zusammensetzung und dem jeweiligen Lufttemperaturprofil ab. Die meisten Planeten haben eine Beschleunigung, die sich nicht sehr von dem Wert 9,8 m/s^2 hier auf der Erde unterscheidet, was man zum Beispiel anhand der Planeten im Sonnensystem überprüfen kann. Die Flügel müssen also in der Lage sein, eine nach oben gerichtete Kraft auszuüben, die mindestens so groß ist wie die nach unten gerichtete Schwerkraft – in unserem Beispiel entspricht sie dem Gewicht $F = g'm$ der Außerirdischen mit den kleinen Flügeln oder 200 N, wenn $g' = 10$ m/s^2.

Nehmen wir einmal an, ein sehr starkes, 20 kg schweres Wesen könne seine Arme horizontal zur Seite ausstrecken und sich an zwei Stützen mit einer etwa 200 N starken, nach unten gerichteten Kraft nach oben drücken, um seinen Körper zu heben. Doch dieses Wesen wird nicht im Stande sein, mit Hilfe von kleinen Flügeln, die genauso lang und vielleicht ein bisschen breiter als die Arme sind, gegen die Luft zu schlagen und dabei den gleichen Effekt zu erzielen. Falls Sie an dieser Hypothese zweifeln, dann befestigen Sie doch einmal an einem kräftigen Menschen armlange Flügel und schauen sich an, wie leicht er abheben und ein paar Zentimeter über dem Boden schweben kann …

Falls das außerirdische Wesen allerdings innen hohl wäre, sodass seine Gesamtmasse erheblich geringer ist, als man es bei seiner Körpergröße erwarten würde, dann gibt es vielleicht kein Problem beim Schweben.

70. Geschrumpfte Menschen

Nehmen wir einmal an, das Schrumpfen im Maßstab von eins zu hundert sei möglich. Leider bliebe Ihr Gewicht gleich (es sei denn, Sie würden irgendwie etliche Moleküle loswerden), und Ihre Dichte würde um das Millionenfache zunehmen! Die Kontaktfläche Ihrer Füße wäre 10 000 Mal kleiner, sodass der Druck Ihrer Fußsohlen 10 000 Mal größer wäre und auf etwa 20 000 psi anstiege. (1 psi = 6895 N/m², sodass die 20 000 psi etwa 1 400 atm [das ist der Druck in einer Wassertiefe von 14 km] entsprechen.) Mit jedem Schritt würden Sie den Beton durchbrechen oder im Boden versinken, bis die normale aufwärts gerichtete Kraft Sie im Gleichgewicht halten würde. Unter anderem müsste sich auch Ihr Stoffwechsel gewaltig verändern, denn Ihr hohes Verhältnis zwischen Oberfläche und Volumen würde bedeuten, dass die Geschwindigkeit des Wärmeverlusts mindestens um das 100-Fache zunimmt. Natürlich wollen wir der Einfachheit halber alle Konsequenzen im Körperinneren lieber ignorieren.

Achtung: Wenn das Gegenteil geschieht und Sie um den Faktor 100 in allen Richtungen vergrößert werden, ohne dass weitere Moleküle hinzugefügt werden, nimmt Ihre Dichte um das Millionenfache ab. Sie würden dann praktisch vom kleinsten Lüftchen hinweggeweht werden! Aber noch schlimmer ist, dass Ihre Dichte nun viel geringer als die Dichte der Luft ist, sodass die nach oben gerichtete Auftriebskraft größer als Ihr Gewicht wäre. Sie sind jetzt ein riesiger Ballon, der in die obere Atmosphäre entschweben würde! Auch Ihr Stoffwechsel würde sich dramatisch verändern, aber wieder wollen wir lieber alle Konsequenzen im Inneren Ihres Körpers ignorieren. Sie könnten wahrscheinlich die Reise um die Welt in 80 Tagen schaffen – ohne die Heißluft!

71. Raumschiffkonstruktionen

Wenn man mit einem Raumschiff auf der Erde landet und dann wieder in den Weltraum startet, gelten zwar die gleichen Kräfte, aber da die Schwerkraft stets zum Erdmittelpunkt hin wirkt, ist sie manchmal eine Hilfe und dann wieder ein Hindernis. Das Hauptproblem stellt die enorme Energie dar, die erforderlich ist, wenn man sich von der Erdoberfläche einigermaßen weit entfernen will. Sobald das Raumschiff mehr als ein paar Erddurchmesser weit entfernt ist, kann sein Atomantrieb es gehörig beschleunigen. Doch damit es sich von der Oberfläche abhebt, benötigt es ungeheuer viel Energie, und seine Raketenmotoren müssen in den Abgasen sehr viel Impuls bei hohen Geschwindigkeiten erzeugen, um die »Fluchtgeschwindigkeit« zu erzielen. So verlangt es jedenfalls das dritte Newton'sche Axiom. Die nach hinten ausgestoßenen Teilchen üben auf die Rakete eine paarweise Kraft aus: Während die Rakete Teilchen nach hinten abgibt, schieben die Teilchen die Rakete vorwärts.

Damit das Raumschiff von der Erde aus ins Weltall gelangt, muss es eine große Energiemenge erzeugen und in der Lage sein, eine große Impulsmenge abzugeben, und gewöhnlich schafft es dies, indem es einen großen Vorrat an Masse ausstößt. Der Energiebedarf lässt sich durch alle möglichen technischen Konstruktionen decken. Doch die physikalischen Vorgänge im Zusammenhang mit der pro Sekunde ausgestoßenen Massenmenge sind ziemlich kompliziert. Die für diesen Antrieb verwendete Brennstoffmasse wird nicht sofort verbraucht, sodass sie die Masse des Raumschiffs zum Startzeitpunkt vergrößert. Folglich sind für den Start noch mehr Antriebsbrennstoffmasse und Energie erforderlich, als wenn man einfach nur die

Nutzlast als solche berücksichtigen würde. Die Masse des Brennstoffvorrats wird somit bald viele Male größer als die Nutzlast, die tatsächlich ins Weltall befördert wird.

Wenn also das Raumschiff im Film seinen Weltraumflughafen auf der Erde verlässt und dabei aus seinen Raketenmotoren nicht eine Menge Stoff ausstößt, dann haben wir es hier mit einer Antriebsart zu tun, wie sie mit der gegenwärtigen Technik nicht zu erzielen ist. Aber vielleicht wird es in Zukunft ja einen anderen Antrieb geben, räumen wir Skeptiker ein. Also wollen wir uns nun mit der extremen Form eines denkbaren Antriebs befassen. Das effizienteste Verfahren wäre die Teilchen-Antiteilchen-Vernichtung, die völlige Umwandlung von Treibstoff und Antitreibstoff in Energie in Form von Hochenergiephotonen, nach Einsteins berühmter Formel $E_0 = mc^2$. Wenn wir hier viele Probleme ignorieren, etwa die Quelle für Antiteilchen, die Strahlenbelastung und so weiter, und ebenfalls annehmen, dass alle Photonen schließlich nach hinten gelenkt werden, dann könnte jedes Kilogramm Brennstoff 3×10^{16} Joule Energie und einen linearen Impuls von 3×10^8 kg·m/s liefern. Ein Kilogramm dieses Brennstoffs könnte einem eine Million Kilogramm schweren Raumschiff so viel Schub vermitteln, dass es 30 Sekunden lang mit etwa 10 m/s^2 nach oben beschleunigt. Falls man 3000 Sekunden Schub benötigt, nimmt man einfach 100 kg von diesem Materie-Antimaterie-Brennstoff. Wir freuen uns natürlich auf die Zukunft der Weltraumfahrt mit Antimateriemotoren, aber einstweilen müssen wir uns mit den Abenteuern von Weltraumfahrern im Film begnügen.

72. Warp-Geschwindigkeit

Raumschiffe mit einem Warp-Antrieb, der sie über die *lokale* Lichtgeschwindigkeit hinaus beschleunigt, sind derzeit einfach noch nicht auszuschließen! Ein Beispiel ist die Ausdehnung des Universums, die alles weiterbefördert, und da können Geschwindigkeiten durchaus die Lichtgeschwindigkeit überschreiten. Es gibt tatsächlich ferne Quasare, deren Rückzugsgeschwindigkeiten größer als c sind. Auf der Erde könnte man dies mit einem 100-Meter-Lauf auf einer dehnbaren Bahn vergleichen, deren Länge sich während des Rennens ändern kann.

Doch falls das Raumschiff über die Technik verfügt, die Raum-Zeit als solche in seiner lokalen Umgebung zu krümmen, dann sind enorme Geschwindigkeiten gar nicht erforderlich. Ziehen Sie einfach den Raum vor Ihnen zusammen, um ferne Punkte heranzuholen, sodass Sie die Raum-Zeit direkt krümmen. Und schon ist die Sternenbasis, die früher Lichtjahre vor Ihnen lag, ganz nahe und durch einen normalen Antrieb in wenigen Minuten zu erreichen ...

73. Wenn das Eis am Nordpol schmilzt ...

Wenn alles Eis am Nordpol schmelzen würde, dann würde sich an der Höhe des Meeresspiegels nichts ändern. Warum? Weil dieses Eis auf Wasser schwimmt. Nach dem Schmelzen würden die Wassermoleküle im Eis einfach den Flüssigkeitsraum einnehmen, der ursprünglich vom Eis verdrängt wurde. Natürlich müssen wir die Ausdehnung des Nordpols sorgfältig definieren. Wenn wir nämlich Eis auf irgendeiner Landmasse einbeziehen, dann wird dieses Eis zusätzliche Wassermoleküle an die flüssigen Meere abgeben und den Meeresspiegel leicht anheben. Im Gegensatz dazu ist das Eis am Südpol meist mehrere Kilometer dick und befindet sich vorwiegend auf der Landmasse der Antarktis – würde es schmelzen, könnte der Meeresspiegel erheblich ansteigen. Manche Filme stellen Ozeane dar, die nach einer weltweiten Eisschmelze um hunderte von Metern angestiegen sind. Durch einfache Schätzungen lässt sich leicht zeigen, dass dieser mutmaßliche Anstieg des Meeresspiegels absurd ist.

Eine weitere Sorge gilt der linearen Ausdehnung von Wasser, wenn seine Temperatur um über 4 °C anstiege. Selbst wenn die Wassertemperatur durchgängig um 10 °C auf den ersten 10 Kilometern der Meerestiefe ansteigen würde, dann würde die zu erwartende Zunahme des Spiegels einer Wassersäule nicht mehr als 7 Meter betragen, sofern die Fläche konstant bliebe. Aber da sich die Fläche ja ausdehnen wird, wird der Wasserspiegel tatsächlich bloß um etwa 2 Meter ansteigen. Bei einem Temperaturanstieg um 1 °C erhöht sich der Meeresspiegel nur um mehrere Zentimeter.

Veränderungen des Meeresspiegels spielten bei den Wanderungen unserer menschlichen Ahnen eine wichtige Rolle. Manche Buschmänner verließen vor rund 40 000 Jahren ihr Homeland und ihre Höhlenbehausungen auf der Suche nach einem besseren Klima und einem weniger unfruchtbaren Land. Damals hatte es nämlich eine Minieiszeit gegeben, sodass Meerwasser im Eis an den Polen eingeschlossen wurde. Die Höhlen, die ursprünglich nah am Meer lagen, befanden sich nun mehrere hundert Kilometer vom Meer entfernt im Landesinneren, und das Trockenklima verschlechterte die Lebensbedingungen. Also wanderten die Buschmänner entlang der afrikanischen Ostküste durch den ganzen Nahen Osten und Indien bis nach Australien. Die Aborigines in Australien sind direkte Nachkommen dieser Völker aus Namibia und Südafrika und stellen zusammen mit den Buschmännern die ältesten Zivilisationen auf der Erde dar.

74. Blitz und Donner

Nehmen wir uns einmal zwei identische Explosionen auf dem Schlachtfeld vor, die sich in unterschiedlicher Entfernung vom Beobachter (d. h. der Kamera) ereignen, aber gleichzeitig zu sehen sind. Die Schallintensität, die von der weiter entfernten Explosion ausgeht, müsste im Vergleich zur näheren Explosion weniger laut sein, und der Schall der entfernten Explosion müsste nach dem Lichtblitz später eintreffen als der Schall der näheren Explosion. Die zusätzliche Distanz wirkt sich also sowohl auf die Schallintensität wie auf ihre zeitliche Verzögerung aus. Abhängig von der Entfernung und vom Temperaturgradienten der Luft könnte es noch zusätzliche Effekte geben, etwa dass unterschiedliche Frequenzen geringfügig verschiedene Geschwindigkeiten aufweisen und/oder verschiedene Wege zurücklegen.

Wenn sich beispielsweise die nähere Explosion in einer Entfernung von 300 Metern und die fernere Explosion in einer Entfernung von 600 Metern ereignet, müsste man deutlich hören, dass der Schall zu unterschiedlichen Zeiten eintrifft. Von der näheren Explosion ist er *eine ganze Sekunde* nach dem Lichtblitz, von der ferneren Explosion eine Sekunde später, also *zwei Sekunden* nach den offenbar gleichzeitigen Lichtblitzen zu hören. Wenn Sie diese vergehenden Sekunden laut zählen, werden Sie sofort merken, dass das akustische Timing bei den meisten

Schlachtenszenen nicht stimmt. Aber wen interessiert das schon? Die künstlerische Freiheit verstärkt unser Seherlebnis in der Phantasiewelt des Kinos! Erfahrene Militärs aber kennen den Unterschied.

Im Film gibt es noch viele andere Verstöße gegen das akustische Timing. So hören und sehen wir gleichzeitig Flugzeugabstürze in der Ferne, Autos in einem tiefen Abgrund aufprallen und in Flammen aufgehen, Düsenflugzeuge ohne Schallverzögerung über uns hinwegfliegen usw. – einem Kinopublikum zuliebe, das es eigentlich besser wissen müsste.

75. Explosionen im Weltall

Die Farben der Explosion sind wahrscheinlich okay, und vielleicht kann man auch die wunderschönen, nach außen gehenden Leuchtspuren nachvollziehen, die isotropisch verteilt sind. Allerdings wird die Materie bei einer echten Explosion, selbst in einem Vakuum, nur sehr selten isotropisch verteilt. Man würde auch ganz unterschiedlich große Teile und Brocken erwarten, wobei ein oder zwei große Brocken neben dem Explosionsherd liegen bleiben.

Hier ein dramatisches Beispiel: 1987 explodierte die Supernova 1987A in der Großen Magellanschen Wolke, einer Begleitgalaxie unserer Milchstraße, wobei sich praktisch ihre gesamte Energie in Neutrinos entlud, aber es gab noch genügend Energie, um eine Menge Photonen für einen hellen Blitz von sichtbarem Licht zu erzeugen, der zuerst von Amateurastronomen in Japan gesehen wurde. Auch heute noch dehnt sich dieser Lichtblitz mit abnehmender Intensität aus, und auch die Gasteilchenwolke strömt weiterhin nach außen und stößt mit

Molekülen und anderer Materie in verschiedenen Richtungen zusammen, sodass die Region in wunderschönen Farben erstrahlt. Die Daten scheinen darauf hinzudeuten, dass die Überreste am Explosionsherd aus zwei kleinen, massiven Objekten bestehen, die ein gemeinsames Baryzentrum umkreisen.

Eine Explosion im Weltall zu hören stellt allerdings ein echtes Problem dar. Es gibt dort nämlich kein Medium, das die Schallwellen tragen würde, und darum dürfte die Raumschiffcrew oder das Publikum im Kino keinen Laut von der ursprünglichen Explosion vernehmen. Das Licht pflanzt sich mit einer Geschwindigkeit von nahezu 3×10^8 m/s fort, während der Schall mit einem Schneckentempo von 3×10^4 m/s oder langsamer dahinkriecht. Der Lichtblitz trifft in jeder sicheren Entfernung lange vor dem Schall ein. Natürlich würden alle Trümmer der Explosion, die das Raumschiff treffen, ein Aufprallgeräusch erzeugen, das durch die Wände des Schiffs und durch die künstliche Atmosphäre im Inneren weitergeleitet würde. Dann gibt es noch das Geräusch des anderen Raumschiffs, das vorbeifliegt – aber das ist eine andere Geschichte ...

76. Weltraumkriege

Lernen Sie Ihre Physik bloß nicht anhand von Weltraumschlachten. Hier stimmt praktisch nichts, außer dass Sie etwas explodieren lassen können, wenn Ihre Waffe in kurzer Zeit genügend Gesamtenergie in ein Ziel abgibt!

Die Laserstrahlen wären nicht zu sehen, egal, wie stark sie sind. Dazu müsste nämlich eine ausreichende Menge Licht entlang ihrer Wege zu Ihnen zurückgestreut werden. Aber im Vakuum des Weltalls gibt es praktisch nichts, das etwas streuen könnte. Ein paar Wasserstoffatome pro Kubikmeter – das ist alles da draußen.

Die Explosion wäre überhaupt nicht zu hören. Schall benötigt ja für seinen Transport ein Medium, und das Vakuum des Weltalls ist kein materielles Medium, das in der Lage ist, Schallwellen zu leiten. Sie werden etwas spüren, nämlich den Aufprall der explodierenden Teile des feindlichen Schlachtkreuzers, weil sie ungehindert vom Explosionsherd zu Ihrem Raumschiff fliegen. Sie können eine enorme Geschwindigkeit haben und darum erheblichen Schaden anrichten, wenn Sie keine Schutzschilde angebracht haben.

77. Sicherheitslaser

Als Regisseur dieser Szene würden Sie wissen, dass das Laserlicht in der Luft in einem normalen Raum nicht sichtbar wäre, weil nicht genügend Licht durch die Luftmoleküle zu Ihren Augen gestreut wird. Die Stellen, an denen die Strahlen auf Wände, Spiegel oder irgendwelche Objekte treffen, wären zwar zu sehen, aber ihre geraden Wege zu diesen Stellen sind unsichtbar. Somit haben Sie zwei Möglichkeiten, die Laserstrahlen sichtbar zu machen, sodass Ihr Publikum die Manöver nachvollziehen kann, die erforderlich sind, damit der Raub gelingt: Zum einen können Sie etwas in die Luft geben, um das Laserlicht zu streuen, zum Beispiel Kreidestaub, Rauch oder einen Nebel aus flüssigen Stickstofftröpfchen oder Wasserdampf. Oder Sie können zum anderen beim Bearbeiten der abgedrehten Szene die Lichtstrahlen künstlich einfügen.

Wir nehmen an, dass es vielleicht tatsächlich solche Anordnungen von gekreuzten Laserstrahlen zur Sicherung bestimmter Objekte gibt, aber wir kennen keine. Selbstverständlich sind Infrarotlaser viel preiswerter als sichtbare Laser, und sie wären auch nicht zu sehen, selbst wenn man Nebel in den betreffenden Raum gibt. Und auch ihre Flecken an den Wänden wären unsichtbar.

Bei manchen Raubszenen wird ein Spiegel eingesetzt, mit dem das Sicherheitssystem überlistet werden soll, während der Protagonist den Gegenstand stiehlt. Der Spiegel kann zwar tatsächlich den Strahl in der richtigen Richtung reflektieren, aber die nur wenige Zehntelsekunden dauernde Störung des Originalstrahls würde ohne weiteres von der Elektronik des Sicherheitssystems wahrgenommen, die Störspitzen rasch aufspüren und einen Alarm auslösen kann. Natürlich kann sich das menschliche Wachpersonal dafür entscheiden, den Alarm zu ignorieren, was ja in Filmen so oft geschieht …

78. Funken schlagende Geschosse

Normale Geschosse sind aus kupferummanteltem Blei und schlagen beim Aufprall auf Stahl oder irgendeine andere Oberfläche keine Funken. Gehen Sie doch einfach mal zu einem Schleifer, um die Eigenschaften von Kupfer gegenüber anderen Metallen bei der Erzeugung sichtbarer Funken zu überprüfen. Das Schleifen von Stahl erzeugt überall Funken, die sogar bei Sonnenschein zu sehen sind. Die vielen kleinen, heißen Stahlteilchen brennen tatsächlich. Lassen Sie nun ein Stück Kupferrohr schleifen. Es gibt keine Funken. Vielleicht sehen Sie hin und wieder einen Funken, weil die Schleifscheibe oder das Kupfer verunreinigt ist. Die abgeschliffenen Kupferteilchen reagieren zwar mit Sauerstoff, werden dabei aber nicht sehr warm. Bitte schleifen Sie kein Blei, weil dabei giftige Partikel in die Luft gelangen, und im Übrigen weiß man doch, dass Blei keine Funken erzeugt. Aus alldem folgt somit, dass so gut wie keine Geschosse beim Aufprall einen Funkenregen erzeugen.

Für die Darstellung im Film mag die Tatsache sprechen, dass das Militär Maschinengewehrgeschosse hat, die weißen Phosphor enthalten, sodass der Schütze den Einschlagpunkt sehen kann. Diese Geschosse werden auch dazu eingesetzt, Treibstofftanks und andere Sprengstoffbehälter in Brand zu setzen, indem Funken erzeugt werden, die die Dämpfe entzünden. Aber außerhalb des Militärs wird man Phosphorgeschossen nur ganz selten begegnen.

79. Internetspiele

Normalerweise ist das Internet gar nicht schuld an der Verzögerung, da es im Vergleich zur Hand-Auge-Koordination des Spielers extrem schnell ist. Auch die tatsächliche Übertragungszeit zwischen den Hauptschaltstellen im Internet ist extrem kurz, weil die Datenpakete beinahe mit der Lichtgeschwindigkeit in einem Vakuum übertragen werden – ein solches Datenpaket kann in etwa 70 Millisekunden 20 000 Kilometer ohne jede Verzögerung zurücklegen. Und die Verzögerungen an den Schaltstellen im Internet betragen gewöhnlich nur hunderte von Millisekunden, wobei Ihr lokaler Internet-Serviceprovider (ISP) am meisten zu dieser Verzögerung beiträgt, und zwar in einer Größenordnung von rund 300 Millisekunden. Dagegen wird Ihr lokaler Computer samt Modem normalerweise langsamer auf Ihren Input reagieren und damit die Daten entsprechend langsamer an Ihren ISP und ins Internet übertragen. Je schneller Ihr Internetanschluss ist, desto rascher wird Ihre Reaktion im Spiel aufscheinen. Falls die Verzögerungszeit Ihrer Hardware geringer wird als die des Internets, lohnt es sich nicht, mehr Geld für einen schnelleren Computer auszugeben.

80. Verzerrungen in Zeichentrickfilmen

Es gibt viele Möglichkeiten, die Schallgeschwindigkeit im Körper der Zeichentrickfigur zu bestimmen. Wir wollen uns hier nur mit einer Methode befassen. Wir beginnen bei der Anwendung einer äußeren Kraft auf die Körperoberfläche an irgendeiner Stelle – sagen wir, am Fuß der Figur. Wir sehen, wie sich die Ausdehnung am Bein hoch in einer Zeit von ein bis zwei Sekunden fortsetzt.

»Moment mal!«, werden Sie jetzt sagen. Was hat denn die Schallgeschwindigkeit im Material mit der Geschwindigkeit zu tun, mit der es sich in Reaktion auf eine angewandte Kraft ausdehnt? Die Antwort lautet: Beide Prozesse erfordern eine Kommunikation von einem Molekül zum nächsten, von dem Bereich, in dem die Kraft angewandt wird, bis hin zu den weiter entfernten Stellen. Gewöhnlich erzeugt die viel geringere Energie bei der Anwendung von Schall eine ganz winzige Dehnung, der eine Entspannung und ein Überschwingen folgt, dann wieder eine Dehnung usw., und das Ganze wiederholt sich mit einer Frequenz von über 14 Hz. Die vom Ziehen einer viel größeren angewandten Kraft erzeugte Dehnung führt zu einer viel größeren Verdrängung der Moleküle, und wenn die angewandte Kraft nachlässt, kann es zu einer Entspannung kommen – oder auch nicht. Die größere Verdrängung zwischen den Molekülen beim Dehnungsprozess kann ein wenig mehr Zeit benötigen, wenn sich der Prozess nicht durch eine Ansammlung linear harmonischer Oszillatoren gestalten lässt, aber die Dehnungsgeschwindigkeit wird dem Wert der Schallgeschwindigkeit für die meisten Materialien sehr nahe kommen.

Der gedehnte Körper der Zeichentrickfigur weist eine Kommunikationsgeschwindigkeit von etwa einem Meter pro Sekunde auf, und das ist wirklich eine sehr langsame Schallgeschwindigkeit, wenn man sie mit der der meisten Materialien vergleicht, die bei über 300 Meter pro Sekunde liegt. Somit können wir daraus folgern, dass Zeichentrickfiguren aus sehr ungewöhnlichen Materialien bestehen. Vielleicht wird es einmal möglich sein, diese Materialien für Designermaterialien nachzuahmen.

81. Infrarotbilder

Das echte umgewandelte Infrarotbild wäre kein scharfes, sondern ein *verschwommenes* Schwarz-Weiß-Bild. Die Auflösung von Bildern, die wir im Infrarotbereich sehen, ist im Vergleich zu Bildern im Bereich des sichtbaren Lichts aus physikalischen Gründen begrenzt. Wenn wir durch einen Feldstecher oder irgendein anderes Linsensystem im sichtbaren Bereich sehen, dann hängt die Auflösungsgrenze dieser Systeme von der Qualität der optischen Elemente ab. Egal, wie stark das Bild vergrößert oder durch Farbmischung usw. verbessert wird – die ursprüngliche Auflösung jedenfalls wird nicht verbessert, auch wenn das Bild sauberer aussieht. Aber noch restriktiver ist die Physik, wenn wir ein Infrarotbild mit einem sichtbaren Bild vergleichen, weil das sichtbare Licht vom Objekt kohärent gestreut wird, das Infrarotlicht hingegen nicht, wie wir unten erklären werden. Natürlich kann man das Rayleigh'sche Kriterium der Auflösung von annähernd einer Wellenlänge des Lichts nicht überschreiten, es sei denn, man wendet Interferenztechniken an, die wir hier aber außer Acht lassen wollen.

Im sichtbaren Teil des elektromagnetischen Spektrums absorbieren und emittieren Atome die Photonen des Lichts in einem zweistufigen Prozess, wobei das Absorbieren und Emittieren gewöhnlich in etwa 10^{-16} Sekunden erfolgt. Während dieses Zeitintervalls bewegt sich das Molekül, das das Atom enthält, nur ganz wenig. Benachbarte Atome, die diesen aufprallenden Strahl aus zahlreichen Photonen ebenfalls streuen, bleiben dabei im Allgemeinen an Ort und Stelle. Während jedes Photon gestreut wird, gibt es praktisch immer eine feste Phasenbeziehung zwischen allen Atomen, die Licht vom Objekt zu Ihren Lichtsensoren streuen. Daher transportieren Photonen, die von unterschiedlichen Bereichen auf der Oberfläche des Objekts streuen, detaillierte Phaseninformationen mit festen Phasen, um eine nahezu maximale Auflösung zu erzielen. Würden die Phasen nämlich von einer Stelle zur anderen willkürlich schwanken, wäre das sichtbare Bild verschwommen.

Im Infrarotbereich ist das Bild verschwommen, weil die Infrarotstrahlung größtenteils von molekularen Schwingungen und Rotationen absorbiert und emittiert wird, die willkürliche Phasen auf der Oberfläche des Objekts aufweisen. Dieser Streuungsprozess dauert viel länger – etwa 10^{-12} Sekunden –, sodass das Molekül genügend Zeit hat, sich während der Streuung beträchtlich zu bewegen, und daher gibt es keine feste Phasenbeziehung zwischen benachbarten Molekülen auf der Oberfläche des Objekts. Die gleiche Oberfläche, die im Bereich des sichtbaren Lichts gut aufgelöst erschien, wird nun, im Infrarotbereich, ziemlich verschwommen sein. Da helfen auch keine magischen Digitaltechniken – aus einem Infrarotbild lässt sich niemals ein scharfes Schwarz-Weiß-Bild erzeugen, das das Originalobjekt getreu wiedergibt.

Im Ultraviolettbereich ist die Streuungszeit sehr kurz, aber damit auch die Wellenlänge, sodass die Ausdehnung der kohärenten Streuungsfläche ebenfalls sehr kurz ist. Somit ist das UV-Bild im Vergleich zum sichtbaren Bild verschwommen. Die Natur schränkt unser Sehvermögen auf den Bereich des sichtbaren Lichts ein, der die beste Auflösung im Detail garantiert.

82. Lichtsäbel

Ja, denn die Lichtsäbel würden einander durchdringen, als wäre gar nichts da! Die Photonen des Lichts sind nämlich Bosonen, die einander nicht abstoßen. Das »Klirren« der Lichtsäbel ist eine reine Erfindung und geht weit über jede künstlerische Freiheit hinaus. Das Publikum wird hier glatt belogen!

Im Universum gibt es zwei allgemeine Kategorien von Teilchen: Fermionen und Bosonen. Zwei identische Fermionen (denken Sie z. B. an Elektronen oder irgendein anderes elementares Spin-1/2-Teilchen) können nicht im selben Quantenzustand existieren, der durch seinen Bahn- und Spinimpuls definiert ist. Die Existenz jeder Materie, auch von uns Menschen, hängt entscheidend davon ab, dass zwei identische Fermionen nicht im selben Zustand zusammenkommen können, und daher nimmt Materie ein

Volumen ein. Das heißt, Objekte können größer als ein Punkt sein!

Was die Bosonen angeht, kann man nicht nur viele identische Bosonen (denken Sie an Photonen oder andere Elementarteilchen mit ganzzahligem Spin) in denselben Quantenzustand versetzen, sondern sie ziehen es auch vor, sich in ihm zu befinden, wobei sich die Wahrscheinlichkeit dafür durch die Anzahl N der Bosonen erhöht, die sich bereits in diesem Zustand befinden. Dabei tritt keine Abstoßung auf. Somit würden zwei Lichtsäbel, die einander in einem Winkel schneiden, einfach durch einander hindurchgehen, ohne dass sich einer von beiden verändert. Wären die Lichtstrahlen allerdings stark genug, könnten sie materielle Objekte aus Fermionen – das heißt, die gewöhnliche Materie, die uns umgibt – zerschneiden, sobald diese materiellen Dinge die Strahlen kreuzen. Dann könnte nämlich genügend Energie absorbiert werden, die den physischen Zustand des Materials verändern und zu seiner Verdunstung führen würde.

83. Kraftfelder

Wir wissen nicht, warum wir die Guten durch ihr Kraftfeld mittels sichtbarem Licht sehen können, während gleichzeitig die sichtbaren Laserstrahlen das Kraftfeld nicht durchdringen können! Vielleicht beruht das ja auf irgendeinem dramatischen nichtlinearen natürlichen Effekt, dem man in Forschungslaboren noch nicht begegnet ist – oder dieses Phänomen ist eine rein künstlerische Erfindung. Wir tippen auf Letzteres. Offenbar können sich die Lichtübertragungseigenschaften eines transparenten Materials beim Absorbieren von Energie dramatisch ändern, aber normalerweise werden hier Löcher eingebrannt und keine Strahlen reflektiert.

Dann gibt es da noch das Problem, warum die Laserstrahlen auf ihren Pfaden zu sehen sind – es sei denn, der Staub in der Luft über dem Schlachtfeld streut genügend Licht … Aber wenn der Laserstrahl im Weltall abgefeuert wird, wo es ja keine Luft gibt (oder andere Streumedien von hinreichender Dichte), kann man ihn dennoch sehen. Gibt es denn keine korrekte Laserphysik in diesen Filmen? Gibt es überhaupt eine korrekte Physik?

84. Die kalte Stille des Weltalls

Ja und nein. Das sehr gute Vakuum zwischen Erde und Venus beispielsweise leitet bestimmt keinen Schall, und darum ist es im Weltall still. Aber welche Temperatur herrscht draußen im Weltraum? Diese Frage ist falsch formuliert. Sie müsste vielmehr lauten: »Welche Temperatur würde von einem Thermometer angezeigt, das in den Raum zwischen den Umlaufbahnen von Venus und Erde gehalten würde?« Ganz gleich, welche Art von Thermometer wir verwenden – wenn der Temperaturfühler nicht rotiert, wird eine Seite stets den direkten Strahlen der Sonne ausgesetzt sein, und die andere Seite wird sich im Schatten befinden. Im thermischen Gleichgewicht werden sich die Mengen der abgegebenen Strahlungsenergie und der eintreffenden Strahlungsenergie in allen Richtungen ausgleichen.

Die Gleichgewichtstemperatur T für ein Objekt, das sich in der durchschnittlichen Entfernung von der Erde zur Sonne befindet, beträgt etwa 280 K oder +7 °C, wobei der tatsächliche Wert niedriger ist, weil etwas Energie vom Thermometer reflektiert und nicht absorbiert wird. T berechnet man nach folgender Gleichung: absorbierter Energiefluss = emittierter Energiefluss. Nehmen wir der Einfachheit halber an, dass der Temperaturfühler eine Kugel mit dem Radius R ist, dann lautet die Gleichung: $S(1 - A)\pi R^2 = \sigma T^4(4\pi R^2)$, wobei $S = 1{,}4$ kWs^{-1} die Solarkonstante in der Entfernung der Erde und $\sigma = 5{,}67 \times 10^{-8}$W m^{-2} K^{-4} ist. Der Parameter A ist das Reflexionsvermögen, das im Idealfall eines vollkommenen Absorbers und Strahlers null ist. Reale Materialien haben einen A-Wert zwischen 0 und 1.

Wenn Sie die Sonne in der Entfernung der Erde umkreisen, sollten Sie Ihr Raumschiff langsam im Weltall rotieren lassen, damit alle Seiten gleichmäßig brutzeln! Diese passive Erwärmung lässt sich durch aktive Erwärmung von innen verstärken, sodass es im Inneren gemütlich warm bleibt.

Falls Sie die Sonne in größerer Nähe als die Erde umrunden, wird die Gleichgewichtstemperatur höher sein, und der Sonnenenergiestrom nimmt im Verhältnis zum Quadrat der Entfernung zu. In der Nähe der Umlaufbahn von Merkur kann es Ihnen zu heiß werden! Wenn Sie weiter weg sind, nimmt die Temperatur ab, sodass Sie zusätzlich heizen müssen. Eine gewisse Rotation kann zu einem System führen, das mit weniger Brennstoff fürs Heizen auskommt, aber das müssen Sie im Detail ausrechnen.

85. Atom-U-Boot

U-Boot-Fahrer lieben es, mit ihren U-Booten zu tauchen. Ein Tauchgang bis auf mehrere hundert Meter unter der Oberfläche *kann* die Anfangsverbreitung der Trümmer der *thermischen* Explosion effektiv begrenzen. Dann käme es nicht zu einer Atomexplosion, denn sonst würde alles von der freigesetzten Energie verdampft werden, und in diesem Fall würde die Wassertiefe die Ausbreitung von Energie in vielen Formen kaum verhindern. Die thermische Explosion im Kernreaktor des U-Boots setzt den Brennstoff und das Kühlmittel frei, und daher fliegen radioaktive Teilchen und Trümmer in alle Richtungen. Ein Teil davon würde zwar vom Wasser wirksam verlangsamt, aber ein anderer Teil würde wahrscheinlich bis an die Oberfläche gelangen und in die Luft entweichen.

Als der Kernreaktor von Tschernobyl in den Achtzigerjahren des vorigen Jahrhunderts seinen Einschlussbehälter sprengte, wurden die Kernpartikel innerhalb von Stunden bis Tagen auf der ganzen Welt nachgewiesen. Zehn Tage nach der chemischen Explosion wurden die Spuren der radioaktiven Cäsium- und Jodteilchen der Tschernobyl-Katastrophe vom Luftfiltersystem des örtlichen Kernreaktors der University of California in Irvine festgehalten.

86. Plutonium kontra Uran

Der Umgang mit einer Plutoniumbombe wäre viel sicherer. Waffenfähiges Plutonium *(Pu-239)* emittiert in erster Linie Alphateilchen und energieschwache Gammastrahlen, die sich beide leicht abschirmen lassen. Die Spuren von geradzahligen *Pu*-Isotopen weisen spontane Kernspaltungen auf, die Neutronen emittieren. Doch Neutronendetektoren müssten sich innerhalb von ein paar Metern befinden, um diese Neutronen vor der Hintergrundstrahlung nachzuweisen. Eine versteckte Plutoniumbombe wäre also nur sehr schwer zu finden.

Plutonium wird gewöhnlich mit Beryllium oder einem entsprechenden anderen Versiegelungsmittel ummantelt, weil das freie Element chemisch mit dem Sauerstoff in der Luft oder in Wasser reagiert und sich dabei beträchtlich erhitzt. Die Person, die eine Plutoniumbombe trägt, würde wahrscheinlich spüren, dass der Schutzbehälter warm ist, weil die Alphateilchen ihre kinetische Energie an das Behältermaterial abgeben.

Natürlich ist eingeatmetes oder in den Verdauungstrakt gelangtes Plutonium einer der schlimmsten bekannten Krebserreger. Jede Explosion, bei der Plutonium in die Luft gelangt, stellt für lange Zeit ein hohes Risiko für alles Leben dar.

Waffenfähiges *U-235* hingegen setzt Gammastrahlen in mehreren Energiezuständen frei – der intensivste beträgt etwa 186 KeV. Somit ist es viel leichter, eine *U-235*-Bombe aufzuspüren als eine Plutoniumbombe. In manchen Filmen werden die Unterschiede zwar richtig dargestellt, aber viele andere Filme dramatisieren jede Atombombe und ihre möglichen Gefahren mit unglaublich pubertären Horrortechniken.

87. Eine Atomexplosion

Wir kennen keine Atombombe, die nicht zumindest eine sehr gute sphärische Symmetrie erfordert, damit sie detoniert. Die einfacheren Atombomben bestehen entweder aus zwei Halbkugeln, die rasch zu einer Kugel zusammengeführt werden müssen, oder zwei Kugelabschnitten, die auseinandergehalten werden, bis Kernmaterial in die Lücke geschossen wird, um die Kernspaltungsreaktion zu starten. Bei den komplizierteren Wasserstoffbomben ist eine starke, sphärisch symmetrische Implosion der Außenschale erforderlich, damit die Fusionsreaktion eingeleitet wird.

Wenn man die Waffe aus irgendeiner Höhe fallen ließe, würde das Gehäuse asymmetrisch beschädigt werden. Selbst wenn man Schrot, Kugeln usw. durch das Gehäuse in den Sprengkopf schießen würde, würde dies zu einer Asymmetrie, aber nicht zu einer Explosion führen. Es ist also nicht einfach, die Kernreaktion einzuleiten und in Gang zu halten. Um diesen Prozess muss man sich bestimmt nicht so viele Sorgen machen, wie es in den meisten Filmen dargestellt wird. Vielmehr sollte man darauf achten, dass die richtigen Sicherheitsmaßnahmen angewandt werden, damit einem das Ding nicht zufällig auf die Zehen fällt.

Übrigens: Die kleinste praktisch einsetzbare Kernwaffe wiegt nur etwa 9 Kilogramm, und damit passt sie gerade in eine geräumige Aktentasche.

88. Das Gewebe der Raum-Zeit

Die Raum-Zeit ist kein Stück Tuch und verhält sich auch nicht wie ein wirkliches Material. Anhand der Metapher »Gewebe der Raum-Zeit« kann man sich die Raum-Zeit mit ihren Koordinaten von Raum und Zeit so ähnlich vorstellen wie die einfachere zweidimensionale Konstruktion von gewebtem Tuch. Die Raum-Zeit kann auch überhaupt nicht reißen oder zerrissen werden, auch wenn es da mathematisch gesehen Singularitäten verschiedener Dimensionen und andere mathematische Eigenschaften geben kann, die manche Leute im Namen der künstlerischen Freiheit zu realen physikalischen Eigenschaften aufgeblasen haben.

Was nun die Möglichkeit betrifft, sich als Zeitreisender in der Zeit zurückzubewegen, so unterscheidet sich die zeitliche Dimension von den räumlichen Dimensionen der Raum-Zeit. Mathematisch ausgedrückt ist der Operator des Vergehens der Zeit in der Quantenmechanik antiunitär, während der Operator der räumlichen Verdrängung unitär ist. Außerdem hat noch niemand überzeugend nachgewiesen, dass sich ein Elementarteilchen anders in der Zeit vorwärts oder rückwärts bewegen kann, als wir es derzeit erleben und verstehen – das heißt, die Zeit vergeht für alle Teilchen und Teilchensammlungen mit ihrer normalen Geschwindigkeit. Eine mögliche Erklärung dafür, dass alle Teilchen sich in Bezug auf das Vergehen der Zeit gleich verhalten, beruht darauf, dass die Richtung der Zeit in die Definition des Quantenzustands eines Elementarteilchens eingebaut ist, während sein Antiteilchen die entgegengesetzte Richtung der Zeit aufweist.

Der Begriff »Schwerkraftgeschwindigkeit« ist unsinnig, da es schlicht nur eine Schwerkraft*beschleunigung* gibt. Die meisten Filme verwechseln die Begriffe Geschwindigkeit und Beschleunigung, und dies tun auch die meisten Menschen. Bedauerlicherweise verfügen die Drehbuchautoren nicht einmal über elementare physikalische Grundkenntnisse, und wir alle müssen ständig unter den Fehlern leiden, die ihnen bei der Schilderung des Verhaltens der Natur unterlaufen. Aber vielleicht kann man dies auch positiv sehen: Der Unterhaltungswert wird größer, wenn man die Gesetze der Physik ignoriert ...

Zeitreisen und die Paradoxa der Raum-Zeit

89. Der Lichtstrahl des Leuchtturms

Ja, wenn sich ein Lichtstrahlfleck vom Leuchtturm über Ihr Blickfeld bewegt, kann er schneller als c sein. Aber das tatsächliche Licht selbst (d. h., die Photonen im Lichtstrahl) bewegt sich von der Quelle bis zu dem reflektierenden Fleck am Himmel mit c und nicht schneller.

Ein gutes Beispiel aus der Astrophysik ist der Radiowellenstrahl des Pulsars im Krabbennebel, der aus einer Entfernung von ein paar tausend Lichtjahren dreißig Mal in der Sekunde über unser Observatorium Erde hinweghuscht. Die elektromagnetischen Wellen, die von der fernen Quelle zu uns gelangen, pflanzen sich mit Lichtgeschwindigkeit fort, aber der »Fleck«, der über unseren Planeten hinweghuscht, bewegt sich schneller als c.

Gelegentlich liest man von anderen angeblichen Beweisen für Punkte, die schneller als mit Lichtgeschwindigkeit dahinrasen, etwa dem Schnittpunkt in einer sehr langen Schere, der nach außen wandert, wenn die Schere geschlossen wird. Leider wird diese Geschwindigkeit des Schnittpunkts durch die Schallgeschwindigkeit im Metall der Schere begrenzt, die im Vergleich zu c ziemlich langsam ist. Doch der Lichtpunkt auf einer Oszilloskopkurve kann sich über den Bildschirm schneller als c bewegen, auch wenn dieser Punkt von den sich langsamer bewegenden Elektronen erzeugt wird, die auf einen Leuchtstoff treffen.

90. Quasargeschwindigkeit

Die spezielle Relativitätstheorie besagt, dass *Information* nicht schneller als Licht übertragen werden kann. Die Photonen bewegen sich im lokalen Referenzsystem zwar immer mit Lichtgeschwindigkeit, aber der Raum, in dem sich die Photonen bewegen, kann sich ausdehnen. Man könnte dies mit einem 100-Meter-Lauf vergleichen, bei dem sich die Bahn während des Laufs verlängert. Die Zeit, die vergeht, bis der Läufer das Ziel erreicht, hängt vom Modell der Ausdehnungsgeschwindigkeit für den Läufer beziehungsweise für die Photonen von diesem fernen Quasar ab. Unter diesen Ausdehnungsbedingungen können Fluchtgeschwindigkeiten auftreten, die größer als *c* sind!

91. Annäherung eines Raumschiffs

Der Beobachter sieht, wie sich das hoch relativistische Objekt mit der Rückseite voraus nähert. Daher scheint das Raumschiff auf Stephanie mit dem Heck zuzufliegen! Was oft als Kontraktion in der Bewegungsrichtung für ein relativistisch sich näherndes Objekt bezeichnet wird, ist in Wirklichkeit eine Rotation, die man Terrell-Effekt nennt.

Wir müssen hier zunächst auf einige Aspekte des Terrell-Effekts eingehen, um das Verhalten des sich nähernden Raumschiffs zu erklären. Stellen Sie sich vor, wie sich ein massiver, undurchsichtiger Würfel nähert. Bei niedrigen Geschwindigkeiten können die Lichtstrahlen, die von der Rückseite des sich nähernden Würfels ausgehen, nicht den Kubus durchdringen, um zum Beobachter zu gelangen. Wenn dieses Verhalten auftritt, wird der Beobachter nicht die ganze Vorderseite sehen, weil ein Teil der Lichtstrahlen, die von der Vorderseite ausgehen, von dem sich extrem

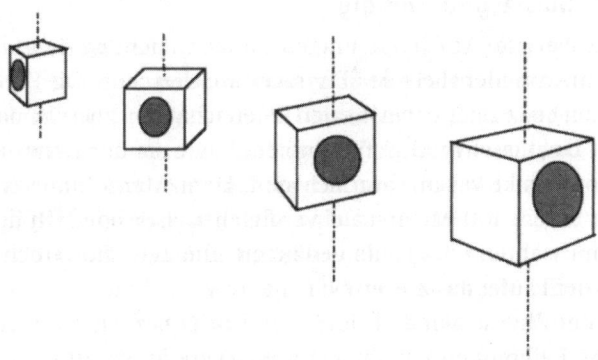

schnell bewegenden Kubus abgefangen werden. Der Kubus erscheint gedreht, wobei die abgewandte Vorderseite verborgen und die nahe Rückseite sichtbar ist. Der Rotationswinkel nimmt mit zunehmender Geschwindigkeit nahe c und mit der Nähe zur Flugbahn zu. Es treten noch zusätzliche Komplikationen auf, etwa die Nichtsteifigkeit, die wir aber bei dieser einfachen Erklärung ignorieren.

Das Raumschiff, das sich fast mit Lichtgeschwindigkeit nähert, wird also gedreht erscheinen, sodass für den Beobachter das hintere Ende fast total sichtbar und das vordere Ende fast total verborgen ist. J. Terrell hat 1959 als Erster erkannt, dass die von Physikern errechnete Lorentz-Fitzgerald-Kontraktion eigentlich eine Rotation eines realen dreidimensionalen Objekts ist. Was wir oben geschildert haben, ist ein Schnappschuss des Raumschiffs (bzw. Würfels) – das heißt das, was Photonen von verschiedenen Teilen des Objekts gleichzeitig einem Kamerasensor übermitteln würden.

92. Masse und Energie

Die Antwort auf beide Fragen lautet Gleichung 1, auch wenn die Mehrheit der Physiker anscheinend die Gleichungen 2 oder 3 bevorzugt! Wahrscheinlich beruht das auf der verwirrenden Terminologie, wie sie allgemein in der Physikliteratur benutzt wird. Demzufolge habe ein Körper im Ruhezustand eine »Eigenmasse« oder »Ruhemasse« m_0, ein Körper in Bewegung hingegen eine »relativistische Masse« $m = m_0/\sqrt{(1 - v^2/c^2)}$.

In der Physik gibt es jedoch nur eine Masse m, die nicht vom Referenzsystem abhängig ist. Diese Masse ist die relativistische Invarianzgröße in $E^2 - p^2c^2 = m^2c^4$, wohingegen die Energie in unterschiedlichen Referenzsystemen unterschiedlich groß ist. Es ist nicht erforderlich, die Masse mit der Indexzahl 0 zu versehen. Die Gesamtenergie E hingegen benötigt den Index 0, wenn das Teilchen in diesem Referenzsystem keinen Impuls hat – also: $E_0 = mc^2$.

93. Der Dehnungsmesser

Der Dehnungsmesser zeigt weiterhin den Wert null an. Was ich als Längenkontraktion interpretiere, wenn ich an der Stange vorbeirenne, ist in Wirklichkeit die Messung der Längenkomponente der Metallstange entlang meiner Bewegungsrichtung, die gedreht erscheint. Die Atome bewegen sich ja nicht näher zueinander, sodass der Dehnungsmesser bei null bleibt.

Die scheinbare Drehung nennt man den Terrell-Effekt: Wenn man von einem sich mit ungeheurer Geschwindigkeit bewegenden Objekt einen Schnappschuss aufnimmt, erscheint das Objekt nicht als kontrahiert, sondern vielmehr als rotiert. Mit Schnappschuss bezeichnet man eine zweidimensionale, nichtstereoskopische Fotografie. Das stereoskopische Aussehen eines dreidimensionalen Objekts ist komplizierter, weil hier Schereffekte und andere Verzerrungen auftreten können. Ja, eigentlich gibt es in der Relativität nicht so etwas wie ein starres Objekt!

94. Masse/Energie

Masse *ist* Energie. Da gibt es keinen Unterschied und damit auch keine »Umwandlung«! 1905 formuliert Einstein ausdrücklich: »Die Masse eines Körpers ist ein Maß seines Energiegehalts ...« Damit stellt Einstein fest, dass Masse und Energie äquivalent sind, also möglicherweise zwei unterschiedliche Aspekte derselben physikalischen Größe, wobei man für sie nur unterschiedliche Einheiten gewählt hat. Man kann also die eine nicht in die andere umwandeln, wenn sie äquivalent sind.

Stellen Sie sich die folgende Unterhaltung zwischen einem Studenten und seinem Professor vor: »Hat ein Photon Masse?«, will der Student wissen. »Ja, weil das Photon Energie hat«, erwidert der Professor. Der Student entgegnet: »Aber für ein Photon gilt $E = pc$, sodass aus der Relation $E^2 - p^2c^2 = m^2c^4$ die Gleichung $E^2 - p^2c^2 = 0$ wird. Daher gilt für das Photon $m = 0$.« Können Sie diesen Dialog vervollständigen?*

---

* Der Schluss auf $m_{ph} = 0$ gilt nur im Ruhesystem des Photons. Dort verschwindet auch der Impuls p des Photons, also auch die Energie $E = p \cdot c = 0$. Man sagt daher auch, etwas salopp, das Photon habe die Ruhemasse null. Salopp deshalb, weil sich das Photon in jedem Bezugssystem (außer in seinem Ruhesystem) mit Lichtgeschwindigkeit bewegt. Der Impuls p des Photons ist

95. Teilchensystem

Nein und ja! Außer unter den unten beschriebenen besonderen Umständen lautet die Antwort nein. Energie und Impuls sind additiv, aber Masse ist es nicht. Masse ist ein Maß der Größe des Energie-Impuls-Vektors 4. Aus der Gesamtenergie E und dem Gesamtimpuls P lässt sich die Masse M des Systems bestimmen: $M^2 c^4 = E^2 - P^2 c^2$. Somit ist die Masse M des Systems größer als die Summe der Massen seiner Teilchen, und zwar um die Menge, die gleich der gesamten kinetischen Energie aller Teilchen ist, wie sie im System beobachtet wird, in dem der Gesamtimpuls null ist. Die Antwort lautet ausnahmsweise ja, wenn sich alle Teilchen in der gleichen Richtung mit der gleichen Geschwindigkeit bewegen.

Definiert man die Masse auf diese relativistische Weise, dann bedeutet das, dass M die Trägheit des Systems bestimmt, also seinen Widerstand gegen eine Beschleunigung durch eine Kraft, die auf das System als Ganzes wirkt. Ein Behälter mit heißen Gasteilchen hat mehr Masse als der gleiche Behälter, nachdem sich das Gas abgekühlt hat. Der Behälter mit dem heißen Gas übt auf ein Testteilchen auch eine größere Anziehungskraft aus. Auch ein Behälter mit Photonen übt eine Anziehungskraft auf ein Testteilchen aus, und umgekehrt.

dann $p = m_{ph} \cdot c$ und damit die Energie $E = p \cdot c = m_{ph} \cdot c^2$. Da c^2 eine Naturkonstante ist, bedeutet das, dass energiereichere Photonen eine größere Masse haben als energieärmere.

96. Die Ausbreitung von Licht

Nach der speziellen Relativitätstheorie (SRT) gilt: 1. Kein Objekt kann sich mit Lichtgeschwindigkeit bewegen. 2. Die Lichtgeschwindigkeit ist für alle Beobachter gleich. 3. Das Raum-Zeit-Intervall τ zwischen zwei Ereignissen, das durch $\tau^2 = c^2\Delta t^2 - \Delta x^2 - \Delta y^2 - \Delta z^2$ definiert wird, ist zwar für alle Beobachter gleich, aber Δt und Δx beispielsweise können unterschiedlich sein.

Für die eindimensionale Bewegung gilt $\tau^2 = c^2\Delta t^2 - \Delta x^2$. Die Autofahrerin hat $\Delta x \neq 0$, und daher muss ihr Δt für die zwei Ereignisse größer sein als die für den Beobachter auf dem Boden vergangene Zeit. Somit misst die Fahrerin das längere Zeitintervall zwischen den Ereignissen A und B.

Nehmen wir nun an, das Auto unternimmt eine zweite Fahrt bei großer Geschwindigkeit. Je mehr sich die Geschwindigkeit des Autos der Lichtgeschwindigkeit nähert, desto kleiner ist Δt für den Beobachter am Boden, und auch $\tau = c\Delta t$ ist in diesem Fall kleiner. Aber wieder ist, wie nicht anders zu erwarten, das Zeitintervall für den Fahrer länger. Wenn sich die Geschwindigkeit des Autos der Lichtgeschwindigkeit im Bodensystem nähert, wird der Unterschied dem Unterschied in den Ankunftszeiten entsprechen, wie er in den beiden Systemen beobachtet wird.

97. Der Sagnac-Effekt

Nein, sie ticken nicht gleich schnell, weil sich die Erde in Bezug auf ein Trägheitsreferenzsystem wie die fernen Sterne dreht. Die Uhr, die sich ostwärts bewegt, hat im Hinblick auf das Trägheitssystem in jedem Augenblick eine höhere Geschwindigkeit als die Uhr, die sich westwärts bewegt. Nach der SRT gilt: Je höher die Geschwindigkeit, desto langsamer tickt die Uhr. Das heißt, eine Uhr tickt dann am schnellsten, wenn sie sich in einem SRT-Trägheitsreferenzsystem im Ruhezustand befindet.

Der Unterschied in der Zeit, die bei den beiden Uhren vergangen ist, lässt sich errechnen, wenn man eine Lichtuhr betrachtet, die einem kreisförmigen Lichtweg um den Äquator folgt. Man könnte auch ein regelmäßiges n-Eck aus flachen Spiegeln verwenden, die das Licht um den Äquator reflektieren, und dann den Grenzwert nehmen, wenn n unendlich wird. Das Licht verlässt den Punkt P auf dem Äquator der sich drehenden Erde und kehrt in der Zeit T zu diesem Punkt P zurück. Das nach Osten gehende Licht hat im Trägheitssystem die Strecke $2\pi R + \omega RT$ zurückgelegt, wobei ω die Kreisfrequenz der Rotation in Bezug auf das Trägheitsreferenzsystem ist. Der Punkt P hat die Strecke ωRT zurückgelegt. Das Verhältnis der Punktgeschwindigkeit zur Lichtgeschwindigkeit beträgt $\omega R/c = \omega RT/(2\pi R + \omega RT)$, und daraus ergibt sich, dass $T = 2\pi R/(c - \omega R)$. Für das System im Ruhezustand gilt $T = 2\pi R/c$. Wenn $\omega \neq 0$, lässt sich $\delta T = T - 2\pi R$ als die erforderliche zusätzliche Zeit definieren. Die Substitution für T ergibt $\delta T = 2\pi \omega R^2/[c(c - \omega R)]$. Bei der Rückkehr zu Punkt P auf dem Äquator nach einer Umrundung werden die Uhren bei den gemessenen vergangenen Zeiten um $2\delta T$ differieren.

98. Lichtblitze

Der Beobachter auf Planet A erblickt die Lichtblitze im Abstand von jeweils 20 Minuten. Nach der SRT wissen wir, dass sich nur aufgrund von Beobachtungen der Lichtblitze nicht feststellen lässt, welches Trägheitssystem sich im

Ruhezustand befindet. Wenn die vom Raumschiff im Abstand von 10 Minuten ausgestrahlten Lichtblitze auf Planet B im Abstand von jeweils 5 Minuten zu sehen sind, dann sind auch von B im Abstand von 10 Minuten ausgestrahlte Lichtblitze im Raumschiff im Abstand von jeweils 5 Minuten zu sehen.

Klar ist auch: Wenn vom Planeten A alle 5 Minuten Lichtblitze ausgingen, dann würde der Beobachter auf Planet B sie im Abstand von jeweils 5 Minuten erblicken. In welchem Abstand erblickt der Beobachter im Raumschiff diese Blitze von A? Die Antwort lautet unter Berufung auf das Postulat der SRT: alle 10 Minuten. Somit sieht der Beobachter im Raumschiff die Blitze von Planet A in einem Abstand, der doppelt so groß ist wie der Abstand, in dem die Quelle A die Blitze aussendet. Somit müssen die im Abstand von 10 Minuten vom Raumschiff ausgesendeten Blitze auf Planet A im doppelten Abstand, also nach jeweils 20 Minuten, erblickt werden.

99. Kräfte und Beschleunigungen

Nein. In der SRT erzeugen alle Kontaktkräfte eine Beschleunigung in einer Richtung, die nicht parallel zur angewandten Kraft ist! Zum Beispiel bewegt sich eine starre Kugel entlang der $+x$-Richtung eines Trägheitsreferenzsystems. Lassen wir nun eine angewandte Kontaktkraft in der $+y$-Richtung wirken, um die Geschwindigkeit der Kugel in der y-Richtung zu erhöhen. Was geschieht mit der Geschwindigkeit in der x-Richtung? Die x-Komponente der Geschwindigkeit *nimmt ab* – das Objekt verlangsamt sich in seiner ursprünglichen Richtung, entsprechend einer negativen Beschleunigung!

Um zu verstehen, warum sich das Objekt in der x-Richtung verlangsamt, wenn die Kontaktkraft in der y-Richtung angewandt wird, sehen wir uns zunächst das Raum-Zeit-Intervall an: $(\text{Intervall})^2 = c^2 \Delta t^2 - \Delta x^2 - \Delta y^2 - \Delta z^2$. Bei realen Objekten, die sich mit Geschwindigkeiten bewegen, die kleiner als c sind, ist der Zeitterm viel größer als die räumlichen Terme, und das Intervall wird als Eigenzeit τ bezeichnet. Der lineare Impuls p^x in der Richtung wird in der Newton'schen Physik definiert als $p^x = m\,dx/dt$ (bei einem Objekt, das seine Masse nicht verändert, d. h., Objekte wie ein Wassereimer mit einem Leck sind ausgeschlossen). Der korrekte SRT-Ausdruck substituiert einfach die Newton'sche Zeit t durch die Eigenzeit τ, sodass $p^x = m\,dx/d\tau$. Bei einem Objekt, das sich mit geringer Geschwindigkeit bewegt, gilt: $d\tau \sim dt$. Aber die tatsächliche Beziehung zwischen τ und t hängt von der Größe der Gesamtgeschwindigkeit des Objekts ab, also einer Vektorgröße, und nicht bloß von der Geschwindigkeitskomponente in der x-Richtung. Da sich das Objekt in der y-Richtung beschleunigt, muss seine Geschwindigkeit in der x-Richtung somit abnehmen, damit die Größe der Gesamtgeschwindigkeit konstant bleibt, denn sonst würde sich seine x-Komponente des linearen Impulses verändern, und das verbietet ja das Gesetz der Erhaltung des linearen Impulses. Die relevante Beziehung lautet also: $dt/d\tau = 1/\sqrt{(1 - v^2/c^2)}$. Die Masse ist ja ein fester Wert.

Daraus ergäbe sich der relativistische Impuls $p^x = m v^x/\sqrt{(1 - v^2/c^2)}$, und da m konstant ist, muss die Geschwindigkeitskomponente in der ursprünglichen Richtung abnehmen, damit die Impulskomponente konstant bleibt.

100. Gleichförmige Beschleunigung

In der SRT beträgt die Geschwindigkeit im Laborsystem nicht mehr $v = a't$ für eine gleichförmige Beschleunigung a' im sich bewegenden System. Doch im sich bewegenden System gilt in jedem Augenblick weiterhin: $v' = a't'$. Zur Umwandlung vom sich bewegenden System zum Laborsystem müssen wir im Prinzip die abgelesenen Uhrzeiten und das Zeitintervall umwandeln, und zwar mit Hilfe von $dt/d\tau = 1/\sqrt{(1 - v^2c^2)}$. Hier ist τ die Eigenzeit – das heißt, die Uhrzeit auf einer von einem Beobachter auf dem Raumschiff getragenen Armbanduhr, und $d\tau$ ist dann das Eigenzeitintervall zwischen zwei Ereignissen am selben Ort. In unserem Beispiel ist τ die auf der Armbanduhr der Person im sich bewegenden System vergangene Zeit. Somit beträgt im System des sich bewegenden Raumschiffs $v' = a'\tau$.

Bevor wir die Lösung für die Geschwindigkeit des Objekts im Laborsystem ermitteln, wollen wir das einfachere Problem betrachten, wie sich Geschwindigkeiten in relativistischen Systemen addieren. Wenn sich ein Objekt im Raumschiffsystem mit der Geschwindigkeit v' vorwärtsbewegt, dann richtet sich die Geschwindigkeit des Objekts im Laborsystem (v) nach dem Gesetz der Addition von Geschwindigkeiten: $v/c = (v'/c + v_s/c)/(1 + v'v_s/c^2)$, wobei v_s die gleichförmige Geschwindigkeit des Raumschiffs im Laborsystem ist. Man kann den Grenzfall für niedrige Geschwindigkeiten überprüfen, wenn $v'v_s/c^2$ sehr klein ist, um die Übereinstimmung mit der Galilei-Relativität zu verifizieren – das heißt, die beiden Geschwindigkeiten addieren sich einfach.

Um den Bezug zur Beschleunigung des Objekts, wie sie von beiden Beobachtern gesehen wird, herzustellen, wird die Addition der Geschwindigkeiten im Hinblick auf die Zeit im Laborreferenzsystem differenziert, und dann erhalten wir $a = a'/[(1 + v'v_s/c^2)\sqrt{(1 - v_s^2/c^2)^3}]$, einen recht unglücklichen Ausdruck. Die Geschwindigkeit des sich beschleunigenden Objekts im Laborsystem erhalten wir, wenn wir $v' = a'\tau$ substituieren. Somit ist $a \neq a'$ und $v < c$.

101. Langer Weltraumflug

Die 7000 Lichtjahre weite Reise, auf der der Mensch nur um 40 Jahre altert, ist in der SRT-Physik möglich, aber nicht in der Newton'schen Physik!

Wir definieren $v/c = tanh\ \theta$, wobei $tanh$ die tangens hyperbolicus ist. Durch Substitution nach dem Gesetz der Addition von Geschwindigkeiten erhalten wir $tanh\ \theta = (tanh\ \theta' + tanh\ \theta_s)/(1 + tanh\ \theta'tanh\ \theta_s)$. Ein Blick auf die Mathematik von Hyperbelfunktionen zeigt, dass die θs additiv sind, genau wie Geschwindigkeiten in der Newton'-schen Physik mit Galilei-Relativität additiv sind. Das heißt, $\theta = \theta' + \theta_s$. Manche Leute nennen θ den Geschwindigkeitsparameter.

Zurück zu unserem Problem: Wie groß ist die Geschwindigkeit v des sich beschleunigenden Raumschiffs im Laborsystem nach einer gegebenen Zeit? Wir benötigen drei

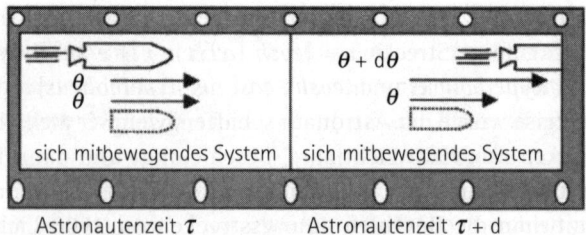

Astronautenzeit τ Astronautenzeit τ + d

Referenzsysteme: das Laborsystem, das Raumschiffsystem und ein sich unmittelbar mit bewegendes Trägheitssystem, das für einen Augenblick die gleiche Geschwindigkeit wie das Raumschiff hat. In Bezug auf das unmittelbar sich mitbewegende System ändert sich der Geschwindigkeitsparameter von 0 zu $d\theta$ in der auf der Armbanduhr angezeigten Zeit $d\tau$. In derselben Astronautenzeit ändert sich der Geschwindigkeitsparameter des Raumschiffs in Bezug auf das Laborsystem von θ zu $\theta + d\theta$. Aber $d\theta = a\,d\tau/c$. Das heißt, jedes Zeitintervall $d\tau$ auf der Armbanduhr des Astronauten wird von einer zusätzlichen Zunahme $d\theta = a\,d\tau/c$ im Geschwindigkeitsparameter des Raumschiffs begleitet. Da das Raumschiff aus dem Ruhezustand startet, erhalten wir $\theta = a\tau/c$, und damit kennen wir den Geschwindigkeitsparameter θ des Raumschiffs im Laborsystem zu jeder Zeit τ im System des Astronauten.

Unsere Lösung lautet: $v = c\,\tanh\,(a\tau/c)$. Für das Produkt $a\tau$ gibt es keine Grenze – es kann viel größer als c sein –, aber da $\tanh \leq 1$, nähert sich die Laborgeschwindigkeit vc erst dann an, nachdem auf der Armbanduhr viel Zeit vergangen ist. Die im Laborsystem zurückgelegte Strecke beträgt $dx = \tanh\,(a\tau/c)c\,dt$. Im Laborsystem scheint die Armbanduhr des Astronauten langsamer als die Laboruhr zu gehen, also ist $dt = \cosh\,\theta\,d\tau$, wobei $\theta = a\tau/c$. Somit ist $dx = c\,\sinh\,(a\tau/c)d\tau$, und durch Integrieren von der Astronautenzeit null bis zur Endzeit T ergibt sich die zurückgelegte Strecke $x = [\cosh\,(aT/c) - 1]\,c^2/a$. ['$sinh$', $sinus\ hyperbolicus$ und '$cosh$', $cosinus\ hyperbolicus$]

Die Reise würde der Astronaut schaffen, wenn er die halbe Strecke, also 3500 Lichtjahre, beschleunigt und dann bis zur Entfernung von 7000 Lichtjahren wieder abbremst. Setzt man die Beschleunigungsstrecke von 3500 Lichtjahren in Metern ein (x = 3.311 × 10^{20} [m]), so ergibt sich mit einer Beschleunigung von a = 9,81 [m/s^2] = g und mit der Lichtgeschwindigkeit (c = 3 ×10^8[m/s]) eine Beschleunigungsdauer nach der Armbanduhr des Astronauten von $T \approx$ 8,62 Jahren. Die gleiche Zeit vergeht während des Abbremsens. Für Hin- und Rückreise benötigt der Astronaut dann etwa 34,5 Jahre – er würde also weniger als 40 Jahre altern.

Gibt es irgendwelche Pläne für eine solche Reise? Selbst wenn wir annehmen, dass es Menschen gäbe, die dies schaffen wollen, wären andere Faktoren – etwa die zuverlässige Versorgung mit Nahrung, eine ausreichende Gesundheitsvorsorge und eine entsprechende Energiequelle für die konstante Beschleunigung von 1 g über einen Zeitraum von 40 Jahren – mit der gegenwärtigen Technik nur schwer zu realisieren. Und natürlich wären inzwischen über 14 000 Jahre hier auf der Erde vergangen. Wer oder was würde unsere Reisenden bei ihrer Rückkehr empfangen?

102. Von Kopf bis Fuß

Ja, Ihre Füße und Zehen altern langsamer als Ihr Kopf. Das heißt, wenn Sie stehen oder sitzen, wird eine Uhr in Höhe Ihres Kopfes schneller gehen als eine identische Uhr in Höhe Ihrer Zehen. Das umgebende Gravitationsfeld beeinflusst die Ganggeschwindigkeit aller Uhren auf die gleiche Weise. Am schnellsten geht eine Uhr im Ruhezustand in einem Trägheitsreferenzsystem. Die Differenz zwischen den Ganggeschwindigkeiten von Uhren in unterschiedlichen Schwerkraftbereichen ist zwar normalerweise winzig, aber messbar. Für eine erste Annäherung lässt sich sagen: Diese Differenz beträgt $(\delta r/r)GM/rc^2\, \Delta T$, wobei δr die Höhendifferenz, M die Erdmasse, r die radiale Entfernung vom Erdmittelpunkt, G die Gravitationskonstante, c die Lichtgeschwindigkeit und ΔT das Zeitintervall zwischen den Takten der Referenzuhr ist. Substituiert man $r = 6{,}37 \times 10^6$ m und $dr \sim 1{,}5$ m, ergibt sich ein Wert ΔT von $1{,}6 \times 10^{-16}$, also ein unglaublich winziger Zeit- bzw. Gangunterschied. Im Laufe einer Lebenszeit von rund 80 Jahren wird der Kopf etwa 0,4 Mikrosekunden älter als die Zehen.

Um zu verstehen, wie sich die Schwerkraft auf die Ganggeschwindigkeit einer Uhr auswirkt, können wir die Äquivalenz zwischen einer sich beschleunigenden Rakete und einem gleichförmigen Schwerkraftfeld anwenden. Betrachten wir einmal zwei Lichtblitze, die vom unteren Ende der sich beschleunigenden Rakete zu ihrer Spitze gesendet werden, wie es die Zeichnung aus der Sicht unseres Trägheitsreferenzsystems in Bezug auf die Sterne zeigt. Die zwei Lichtblitze werden in unserem System im Abstand von einer Sekunde ausgelöst, treffen aber an der Spitze der Rakete im Abstand von drei Sekunden ein.

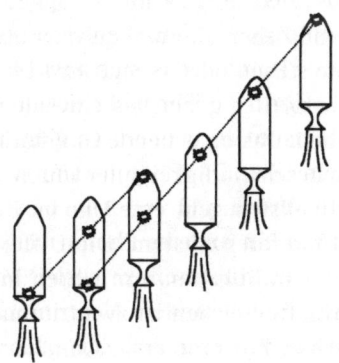

Warum? Weil sich die Spitze von dem sich nähernden Lichtblitz mit dem entsprechenden Beschleunigungswert weg bewegt. Somit ist die Frequenz des Eintreffens geringer als die Startfrequenz. Einstein hatte die geniale Idee, dass es nur einen Grund für die unterschiedlichen Blitzfrequenzen gäbe, nämlich wenn die Uhr an der Spitze anders ginge als die identische Uhr am unteren Ende. Daher lässt die Schwerkraft die Zeit langsamer vergehen.

Gibt es einen Ort, wo das Zeitintervall zwischen den einzelnen Takten einer Uhr unendlich groß wird? Ja, in der Nähe eines Schwarzen Loches, am Ereignishorizont.

103. Neutrinomasse

Damit in einem System eine Veränderung stattfinden kann – wie zum Beispiel die Umwandlung eines Myon-Neutrinos in ein Elektron-Neutrino –, muss Zeit vergehen. Das heißt, die Referenzuhr muss im Ruhesystem des Myon-Neutrinos ticken. Wir wissen: Je größer die Geschwindigkeit einer realen Uhr in unserem Laborreferenzsystem ist, desto langsamer ist ihre Ganggeschwindigkeit. An der Geschwindigkeitsgrenze eines masselosen Teilchens wie eines Photons, das sich mit Lichtgeschwindigkeit bewegt, würde die Uhr nicht ticken. Während ein Photon das Universum durchquert, vergeht in seinem Referenzsystem keine Zeit. Das Photon kann zwar von einem Atom absorbiert werden und verschwinden, aber es kann sich nicht direkt in ein anderes Photon verwandeln. Und wenn alle drei Neutrinoarten keinerlei Masse hätten, könnte keine Art in eine andere Neutrinoart oszillieren, weil sie ja nicht das Vergehen von Zeit erfährt. Damit also

Neutrinooszillationen stattfinden können, müssen mindestens zwei Neutrinoarten eine Masse haben. Die Daten deuten darauf hin, dass die Summe der drei Neutrinomassen 1 ev/c^2 nicht überschreiten kann, und das ist sehr viel kleiner als die Masse eines Elektrons, 0,511 Mev/c^2.

104. Raumschiffkollision

Es ist eine gute Methode, zuerst die Position und die Uhrzeit der drei Ereignisse zu bestimmen, bevor man die Frage beantwortet. Doch die bereits eingesetzten Werte sind für den Beobachter nicht alle korrekt. Gleichzeitige Messungen sowohl am ursprünglichen $X_1 = 0$ und an $X_2 = L$ lassen sich durch diese Methode nicht vornehmen, da die Orte nicht gleich weit entfernt sind. Wenn somit die Notation (X, T) für Ereignis 1 korrekterweise $(0, 0)$ lautet, dann gilt für Ereignis 2 $(L, -L/c)$, weil das Licht von Ereignis 2 L/c Sekunden benötigt, um die Strecke L bis zum Beobachter zurückzulegen. Ereignis 3 findet nicht in Position $L/2$ zwischen den beiden Raumschiffen bei $T = 0$ statt, weil Raumschiff B bereits L/c Sekunden zurückgelegt hat. Somit beträgt die Entfernung zwischen den beiden Raumschiffen $L - vL/c$. Also ist $T_3 = L(1 - v/c)/2v$. Nun können wir die Ereignisse folgendermaßen zusammenfassen:

Ereignis 1: $X_1 = 0$ $T_1 = 0$
Ereignis 2: $X_2 = L$ $T_2 = -L/c$
Ereignis 3: $X_3 = L(1 - v/c)2$ $T_3 = L(1 - v/c)/2v$.

Die gleichen Ereignisse lassen sich im (bewegten) Trägheitssystem von Raumschiff A so spezifizieren:

Ereignis 1': $X_1' = 0$ $\quad\quad\quad\quad$ $T_1' = 0$

Ereignis 2': $X_2' = \gamma L(1 + v/c)$ $\quad$ $T_2' = -\gamma L(1 + v/c)/c$

Ereignis 3': $X_3' = 0$ $\quad\quad\quad\quad$ $T_3' = \gamma^{-1}L(1 - v/c)/2V$.

Wir definieren $\gamma = \sqrt{(1 - v^2/c^2)}$ und wenden die normalen Lorentztransformationen der SRT an, $x' = \gamma(x - vt)$ und $t' = \gamma(t - vx/c^2)$.

Nun können wir endlich die Uhr ablesen, das heißt, bestimmen, wie viel Zeit für den Beobachter vergangen ist, der die Kollision in einer Entfernung von $L(1 - v/c)/2$ sieht, da $T = L(1 - v/c)/2v + L(1 - v/c)/2$, und das reduziert sich zu $T = L(1 - v^2/c^2)/2v$. Für den Beobachter in Raumschiff A ist eine Zeit von $\gamma^{-1}L(1 - v/c)/2v$ vergangen.

105. Das Zwillingsparadox

Peter erfährt tatsächliche Beschleunigungen während seiner Reise mit dem Raumschiff, und das führt dazu, dass er weniger altert als sein Zwillingsbruder, der zu Hause auf der Erde geblieben ist. Selbst wenn die Beschleunigung einfach nur in einer sofortigen Wende am fernsten Punkt bestand, kehrte der Geschwindigkeitsvektor des Raumschiffs die Richtung von $+v$ zu $-v$ um, es gab also eine Veränderung von $2\,v$ in einem Zeitintervall T. Peter spürte die Beschleunigung. Daher sind sich alle Beobachter darin einig, dass Peter der Reisende war und dass seine Uhr langsamer lief, und darum altert er weniger als sein zu Hause gebliebener Zwillingsbruder.

Dank

Wir alle, die wir uns geistig entwickeln, um heutzutage auf unserem Planeten Erde zu leben, »stehen auf den Schultern von Riesen«. Und wir verdanken zahllosen Menschen so viel, dass wir es gar nicht schaffen, allen dafür zu danken.

Franklin Potter möchte seiner Frau Patricia und seinen beiden Söhnen David und Steven danken, für ihre Liebe und Anregungen während so vieler wunderbarer Jahre, die sie als Familie zusammen erleben durften. Unschätzbar sind für ihn auch die zahlreichen anregenden Diskussionen über physikalische Themen im Laufe der vergangenen Jahrzehnte mit so vielen Freunden und Kollegen, allen voran: Howard G. Preston, Gregory Endo, Fletcher Goldin, David M. Scott, John Priest, Lowell Wood, Julius S. Miller, Goerge E. Miller, Leigh H. Palmer, Charles W. Peck, Myron Bander, Joseph Weber, Richard Feynman, Willard Libby, Edward Teller und Kamal Das Gupta.

Christopher Jargodzki dankt Myron Bander von der University of California in Irvine, Stephen Reucroft von der Northeastern University in Boston und James H. Taylor von der Central Missouri State University in Warrensburg. Seine Begegnungen und Gespräche mit nahezu zwanzigtausend Studentinnen und Studenten (und ihre Zahl wächst weiter!) in seinen Seminaren an der UC Irvine, der Northeastern University und der CMSU waren und sind ein unerschöpflicher Quell von Anregungen wie von gelegentlicher Verzweiflung.

Ja, das vorliegende Buch erlebte seine Geburtsstunde bereits 1975, als einer der Autoren (C. J.), damals noch frisch examinierter Student an der UC Irvine, den Plan zu einem Buch über Paradoxa in der modernen Physik entwickelte, teilweise auch um seine eigene Verzweiflung angesichts der in der modernen Physik so zahlreichen Rätsel zu überspielen. Leider musste das Projekt um mehrere Jahrzehnte zurückgestellt werden, bis der Autor reif dafür war und sich mit Franklin Potter zusammentat, um das Wesen der physikalischen Wirklichkeit gemeinsam mit ihm zu erforschen. Die Autoren hoffen, die physikalische Wirklichkeit ist von ihren Bemühungen gebührend beeindruckt.

Beide Autoren danken Kate C. Bradford, Cheflektorin beim Verlag John Wiley & Sons, Inc., die ihre paradoxen Abenteuer in der Welt der Physik nachhaltig unterstützt.

»Stefánsson schreibt Buch des Jahres« Frankfurter Neue Presse

Jón Kalman Stefánsson:
Himmel und Hölle
Roman
Übers. von Karl-Ludwig Wetzig
232 Seiten
HC 20879

Jón Kalman Stefánsson, mit Preisen ausgezeichnet, von der Kritik hoch gelobt, gehört zu den wichtigsten Erzählern Islands. Sein neuester Roman ›Himmel und Hölle‹ führt uns in eine vergangene Welt. Sein unverwechselbarer Erzählton, der mit kleinen Geschichten den verschiedensten Lebensentwürfen mal nachdenklich, mal verschmitzt nachspürt, verbindet sich hier mit einer dramatisch zugespitzten Handlung und der Wucht des Tragischen.

Reclam

Jón Kalman Stefánsson,
geboren 1963, lebt in der
Nähe von Reykjavík.
2005 erhielt er für ›Sommerlicht,
und dann kommt die Nacht‹
den Isländischen Literaturpreis.

Mehr Stefánsson bei Reclam:

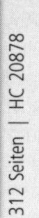

312 Seiten | HC 20878

237 Seiten | RT 20169

206 Seiten | RT 20164

Reclam